森本 正崇

# 武器輸出三原則入門

——「神話」と実像——

信山社

# はじめに――今さら、されど

今さら武器輸出三原則？　それなら知っているよ、有名じゃないか、そう思われた方は是非、武器輸出に関する次の項目を読んでほしい。このうちいくつの項目を Yes と回答されるだろうか。

- 憲法 9 条が武器輸出を禁止している
- 武器輸出三原則は国是である
- 武器輸出三原則によって武器輸出は禁止されている
- 武器輸出三原則の例外化は憲法違反である
- 日本は武器輸出をしたことがない

実は回答は全て No なのである。質問の意味が分からないという方、そうした方はまだ「神話」の世界の住人になっていない分だけむしろ安心である。

武器輸出三原則は誰もが知っているようで、誰もその実像を知らない不思議なものである。本書で特に詳しくみていくように、様々な「神話」がまるで「真実」であるかのように語り継がれている。しかも、こうした「神話」は、語る者の政治的立場や武器輸出三原則の評価に関わりなく共有されている。本書は、そうした「神話」の「神話」たる点を明らかにするとともに、武器輸出三原則の実像を解き明かそうとする試みである。

本書では次のような「神話」を解き明かす（括弧内は該当頁）。

《神話 16》 **自動車の輸出であっても軍隊が利用するのであれば武器輸出三原則が適用される**（→ 85 頁）

《神話 17》 **軍事用途であれば輸出を禁止するのが武器輸出三原則である**（→ 86 頁）

《神話 18》 **米国向けに限り武器輸出三原則は適用されない**（→ 122 頁）

《神話 19》 **武器輸出三原則の例外化は米国向けに限られる**（→ 122 頁）

---

以上のような「神話」を解き明かした上で、武器輸出三原則の実像に迫っていきたい。そこで本書の具体的な構成としては、まず、「神話」を明らかにし（第 1 編）、法的に詳細な説明は実像（第 2 編）で解説することにしている。そのため、第 1 編ではやや説明が簡略化されている部分もあり、そうした箇所は、第 2 編の参照箇所を示したので適宜参照してほしい。その上で、今後の方向性（第 3 編）について簡単に触れた。「神話」——すなわち虚像を「実像」だと思っている限り武器輸出三原則を理解したことにはならないし、武器輸出三原則を理解せずに武器輸出三原則を議論することはできない。本書を読み終わる頃には、これまでの武器輸出三原則をめぐる議論が、いかに武器輸出三原則の実態から離れていたかが明らかとなろう。「神話」に基づく的外れな議論が武器輸出三原則の「擁護」と「見直し」のそれぞれの論陣に関わりなく展開されてきたのが、これまでの日本であった。本書によって、一人でも多くの読者の方と認識を共有できることができればと祈念している。

なお、本書は拙著『武器輸出三原則』（信山社、2011）のエッセンスを要約したものである。入門書という性格上、注釈は付していない。また、本文中に日付の入っているものは全て国会での質疑における発言であり、こうした発言などの出典は拙著を御覧いただければと思う。

2008年刊行の拙共著『輸出管理論』でお世話になって以来、三度信山社及び編集担当の今井守氏にお世話になった。これまで、陽のあたることのなかった輸出管理や武器輸出三原則といった分野の出版を、快く引き受けていただいたことに改めて感謝申し上げたい。

# 目　次

## ◆第2編◆　武器輸出三原則の実像

# 武器輸出三原則入門

## ◆序　武器輸出三原則とは

本書でこれから紹介する武器輸出三原則とは次の二つのものから構成されている。

佐藤総理大臣の三原則

まず、**1967 年、佐藤栄作総理大臣が表明したもの**がある。① 共産圏諸国向けの場合、② 国連決議により武器等の輸出が禁止されている場合、③ 国際紛争の当事国（紛争当事国）又はそのおそれのある国向けの場合、には武器の輸出を認めない（すなわち輸出許可をしない）というものである。

**◆佐藤栄作総理大臣による武器輸出三原則の表明**（1967.4.21）

> 輸出貿易管理令で特に制限をして、こういう場合は送ってはならぬという場合があります。それはいま申し上げましたように、**戦争をしている国、あるいはまた共産国向けの場合、あるいは国連決議により武器等の輸出の禁止がされている国向けの場合、それとただいま国際紛争中の当事国またはそのおそれのある国向け、こういうのは輸出してはならない。**

つまり、佐藤総理大臣が表明した武器輸出三原則では、①～③に当てはまる場合には武器輸出を許可しない、という方針を表明したものであり、当てはまらない場合については何も言ってはいない。①～③を**武器輸出三原則対象地域**という。

三木内閣の政府統一見解

さらに、**1976 年に三木武夫内閣が政府統一見解をまとめ**、① 武器輸出三原則対象地域については、武器の輸出を認めない、② 武器輸出三原則対象地域以外の地域については、憲法及び外為法の精神に則り、武器の輸出を慎むものとする、③ 武器製造関連設備の輸出については武器に準じて取り扱うものとする、とした。① は佐藤栄作総理大臣が表明した武器輸出三原則を繰り返したものである。重要な意義をもつのは ② であり、「武器の輸出を慎む」とした結果、**原則として武器の輸出は許可をしない**ことから、武器の輸出が原則として禁止されていると解釈されている。

**◆ 三木内閣政府統一見解**（1976. 2. 27）

> 「武器」の輸出については、平和国家としてのわが国の立場から、それによって国際紛争等を助長することを回避するため、政府としては、従来から慎重に対処しており、今後とも、次の方針により処理するものとし、その輸出を促進することはしない。
> ① 武器輸出三原則対象地域については、武器の輸出を**認めない**
> ② 武器輸出三原則対象地域以外の地域については、憲法及び外為法の精神に則り、武器の輸出を**慎む**ものとする
> ③ 武器製造関連設備の輸出については武器に準じて取り扱うものとする

厳密には、佐藤総理大臣が表明した武器輸出三原則に、三木内閣の政府統一見解を合わせて「武器輸出三原則等」と言うが、特に断りのない限り本書では三木内閣の政府統一見解も、「武器輸出三原則」と呼んでいる。なぜなら、本統一見解後、「武器輸出三原則」として議論の俎上に上がる内容は、多くの場合が、三木内閣政府統一見解の ② の部分であるからである。本書で論じる武器輸出三原則はこの二つの政府見解のことを言う。区別が必要な場合には佐藤総理大臣の三原則や三木内閣の政府統一見解などと呼称する。確認の必要が出てきたら参照してほしい。また、本書の性格上、武器輸出三原則という語が度々登場する。読みやすさのため、適宜、「三原則」と呼称している。

**◆ 武器輸出管理関連 主要年表**

| | |
|---|---|
| 1949 年 | 外為法制定（武器は制定当初から許可（承認）の対象） |
| 1950 年 | 朝鮮戦争（その後、進駐軍向けの武器製造はじまる） |
| 1953 年 | タイ向け砲弾輸出（進駐軍以外に初の武器輸出） |
| 1967 年 | 佐藤栄作総理大臣が東京大学のロケット輸出に対して武器輸出三原則を表明 |
| 1972 年 | 田中角栄通商産業大臣、武器輸出は「非常に慎重」にと答弁 |
| 1974 年 | 田中角栄総理大臣、「武器は輸出しない」と答弁 |
| 1976 年 | 三木内閣政府統一見解 |
| 1983 年 | 対米武器技術供与で初の武器輸出三原則の例外化（官房長官談話）<br>武器輸出に関する政府統一見解 |
| 1991 年 | 国連平和維持活動(PKO)における武器輸出三原則の例外化（関係省庁了解） |
| 1997 年 | 人道的な対人地雷除去活動における武器輸出三原則の例外化（官房長官談話） |
| 2001 年 | テロ特措法関連の武器輸出三原則の例外化（官房長官談話） |
| 2003 年 | イラク特措法関連の武器輸出三原則の例外化（官房長官談話） |
| 2004 年 | 弾道ミサイル防衛関連の武器輸出三原則の例外化（官房長官談話） |
| 2006 年 | インドネシアへの巡視艇供与における武器輸出三原則の例外化（官房長官談話） |
| 2009 年 | ソマリア沖海賊対処における武器輸出三原則の例外化（官房長官談話） |

# 第1編

# 武器輸出三原則「神話」

## ――原則をめぐる多くの誤解

## 【本編のねらい】

誰でも知っていると思われている武器輸出三原則（三原則）だがその多くは「神話」である。数々の「神話」がまるで「真実」であるかのように語られてきたのがこれまでの三原則をめぐる議論であった。本編ではこうした「神話」を一つ一つ解き明かしていく。

まずは憲法との関係である。憲法９条によって武器輸出三原則が導かれているという「神話」は根強い。しかし三原則は憲法９条が命じる規範ではなく、政府が政策的に採用したものにすぎない。同時に憲法との関係では、三原則は基本的人権の制約になるという側面を明らかにする。法制度上は三原則は立法でもない。あくまでも政府が表明した外為法の運用方針という法の下位にある政策にすぎない。こうした三原則の実像を正確に理解しないまま「神話」が独り歩きした結果、日本からの輸出ではなく、三原則が適用されるはずもない第三国移転にまで三原則が適用される、といった「神話」をも生み出した。

次に武器や武器輸出に関する「神話」を解き明かす。武器輸出三原則が、武器禁輸の「神話」として広く受け入れられてきた背景には、武器や武器輸出に対する忌避感がある。武器や武器輸出は本当に忌避すべきものなのか。この忌避感は国際的に広がっているものなのか。こうした武器や武器輸出をめぐる国際的な情勢について整理する。我々の深層心理もまた「神話」に基づいていたのだ。

本編を通じて、これまで常識であるとされてきた武器輸出三原則に対する理解が、実は「神話」に基づいていたことが明らかにされよう。こうした「神話」に基づく議論こそが、これまでの三原則をめぐる議論であった。

# ◇第1章◇ 憲法は武器輸出を禁止している
## ――憲法9条をめぐる誤解

### ●《神話1》憲法9条が武器輸出を禁止している●

武器輸出三原則（三原則）は武器輸出を禁止していると理解した上で（この「神話」自体は次章で検討する）、その根拠を憲法9条に求める「神話」は根強い。武器輸出禁止は憲法9条が求めていることだ、と主張する者は、武器輸出を可能だと議論すること自体を「護憲ではない」というレッテルをはり批判する。他方で、憲法9条があるから武器輸出ができない、だから憲法改正が必要だという主張も見られる。主張は両極端であるが、根本的には同じ「神話」に基づいたものである。憲法9条は武器輸出を禁止しているのか、まずはこの「神話」から解き明かそう。

#### （1）憲法9条と武器輸出三原則

◆憲　法

第9条1項　日本国民は、正義と秩序を基調とする国際平和を誠実に希求し、国権の発動たる戦争と、武力による威嚇又は武力の行使は、国際紛争を解決する手段としては、永久にこれを放棄する。
2項　前項の目的を達するため、陸海空軍その他の戦力は、これを保持しない。国の交戦権は、これを認めない。

**憲法9条**

武器輸出三原則は憲法9条から導かれた武器輸出を禁止する規範だという誤解は、三原則をめぐる誤解の中でも最も根本的なものであり、かつ広く信じられているものである。はじめに憲法9条の条文をつぶさに読んでみよう。どこにも武器輸出を禁止するという規定はない。戦力を保持しないのだから武器輸出が認められるはずがないという主張もある。しかし、戦力を保持しないのは日本であり、武器輸出の対象である輸出先の国が、戦力を保持してはいけないとは、憲法9条は何ら規定していない。憲法は自国のあり方を定めるものであり、他国の戦力の保持については何も言っていない。もし言っているのであれば内政干渉になりかねない。

次に確認しておくべきことは、武器輸出三原則は憲法解釈ではないという点である。三原則は武器輸出に関して政府が示した方針である。後述するように、政府が示した方針である以上、武器輸出三原則の内容は政府が示したものを前提に議論することは当然のことである（→第2編第1章（2）「政府見解の整理が必要な理由を考える」参照）。もちろん、政府が示した内容を批判的に検討することは重要であるが、政府が表明してもいない原則を「武器輸出三原則」と称することは単なる僭称に過ぎない。政府は武器生産も保有も合憲であるという立場を一貫して表明している。もちろん、武器輸出も憲法9条と直接関係はないという立場である。そうした前提の上に三原則は存在していることを、まず確認しておきたい。つまり、**武器輸出三原則は憲法9条から導かれた規範ではない**。憲法9条が武器輸出を禁止していると主張することは全く自由であるが、三原則とは全く別の意見表明である。また、そうした主張は三原則が前提としている政府の憲法解釈とは別の新たな憲法解釈であることを明確にした上で、主張されなければならない。憲法9条が武器輸出を禁止しており、それが三原則に体現されているかのような主張は「神話」の典型である。

**憲法の精神**

武器輸出三原則は憲法９条から導かれたものではない。政府はこの点を明確にしつつも、同時に三原則は憲法の精神に則ったものであると位置付けている。つまり、憲法９条が直接規定するものではないものの、憲法の精神には合致したものであるとしているのである。憲法の精神として、具体的には武器輸出によって国際紛争等の助長を回避することが挙げられ、そうした目的のために三原則によって武器輸出を厳しく管理することとしている。三木内閣の政府統一見解でも冒頭で「平和国家としてのわが国の立場から、それによって国際紛争等を助長することを回避するため」とあり、三原則の目的が明確に示されている。したがって、憲法解釈から直接導かれるものではないものの、国際紛争等の助長を回避する政策として採用されているものが武器輸出三原則となる。

こうした位置付けを踏まえれば、武器輸出三原則は次のように整理できる。

**ポイント◇武器輸出三原則の政策的意義と位置付け**

- 国際紛争等の助長回避を目的とした政策
- 武器輸出三原則はそうした目的を達成するための手段

当然のことであるが、国際紛争等の助長回避の手段は武器輸出三原則に限られるものではないので、三原則は手段の一つという位置付けになる。**武器輸出三原則とは国際紛争等の助長回避のための手段の一つ**であり、武器輸出管理をすること自体が目的なのではない。ましてや武器輸出禁止が目的ではない。国際紛争の助長回避のための手段は政策的に幅のあるものであり、どのような政策が最も妥当であるかという議論の中で三原則は位置付けられるのである。例えば、無政府状態が続くソマリアや、依然として武装勢力の活動が活発なアフガニスタンやイラク、大地震後の混乱が続くハイチなどのように、治安維持のために一定程度の武装が軍や警察に求められる場合も想定される。そのような地域に対しては、むしろ武器輸出により軍や警察の実力を高めて情勢を安定させ、国際紛争等の助長が回避されるといったような事態が論理的にも現実的にも考え得るのである。

自衛隊の行動制約原理か

**「武器輸出三原則が専守防衛などと並んで自衛隊の行動を制約するための政策である」**《神話２》と主張する「神話」もある。言うまでもなく三原則は武器輸出に対する原則である。したがって、**海外派遣などの自衛隊の行動を制約する原理ではない**。そのため自衛隊の行動と三原則に直接の関係はない。確かに自衛隊の行動は憲法９条によって厳しい制約があるが、その制約の延長に三原則が存在するのではない。専守防衛などと並んで三原則を位置付け、憲法９条からの制約であるかのように三原則を装うこともまた「神話」である。三原則の規制対象は自衛隊の行動ではなく、全ての武器輸出である。自衛隊による武器輸出も、他の武器輸出も等しく管理対象である（自衛隊による武器輸出については→第２編第２章２（３）「武器輸出三原則上の『輸出』」参照）。また、基本的に武器輸出を規制することによって武器が使えなくなるのは、自衛隊ではなく輸出先の国である。つまり、憲法９条による自衛隊の行動の制約という議論の中に武器輸出三原則が登場することはない。

武器輸出全面禁止の裏の顔

日本では自衛隊をはじめ海上保安庁や警察も武装している。また国内で武器生産も行っている。これらの是非自体を論じることは武器輸出三原則とは別に可能であろうが、自らは武装しながら他国への武器輸出を全面的に禁止する政策の含意について考えてみたい。

社会党の淡谷悠藏議員は武器輸出に反対する理由として「自衛隊と同じような装備を持った軍隊があっちこっちにできて、これが暗に戦争の先導になり、また潜在した原因になるということは、これはわれわれは絶対反対なんです」という（1967.4.26）。より直接的な主張として、公明党の山口那津夫議員は「武器輸出をなぜ禁止するかといえば、これは輸出した相手国の軍事力に変化を加えて、ひいては我が国の防衛力を弱める、ないしは危険に陥れる、そういう背景があるからだと思います」と指摘する（1990.5.29）。武器輸出を禁止することの効果は、日本以外の諸国を相対的に低い水準に保つことができるという見解が示されるのである。

自らは武器生産し保有する一方で、武器輸出を全面的に禁止するという政策は、自国よりも他国を相対的に弱体化させることを意図していることになる。自国が全くの非武装であることを求めず、同時に武器輸出を一切拒否する論者は意識的にせよ、無意識的にせよ、こうした政策を追求してきたことになる。武器生産能力がない発展途上国は、武器輸出全面禁止に対しては概して否定的な態度である。武器輸出全面禁止政策のもつ、こうした意味合いを考えれば自然なことである。はたして憲法は他国の非武装を強制しようとしているのであろうか。

### （2）基本的人権

**公共の福祉**

武器輸出は憲法によって禁止されていない。武器輸出の禁止のみならず武器輸出の管理（武器輸出を許可制にすること）も憲法解釈上当然の結論ではない。あくまでも国際紛争等の助長回避のための手段として政府が政策的に選択したものであり、その政策的妥当性が問われることになる。もちろん、国際紛争等の助長を回避するという政策目的は、憲法からも是認されるものである。しかし他方で、輸出者の側から見れば武器輸出であっても、規制をされることによって自由が制限されるという側面は見逃せない。

政府は、公共の福祉のために必要な場合、武器輸出に合理的な限度で制約を加えることができるとし、そのため、外国為替及び外国貿易法（外為法）の下で武器輸出は許可制となっている（外為法第48条）と整理している。つまり**憲法上、武器輸出管理は公共の福祉のために加える制約として許容されている**ものである。憲法９条が武器輸出管理や武器輸出禁止を要求していると考えれば、武器輸出管理や武器輸出禁止をしないことが憲法違反になる。しかし、公共の福祉のための制約であるとするならば、武器輸出管理の内容が憲法上許容されるかという問題になる。この場合、合理的な限度の制約を超えた規制を課せば、それは憲法が許容しないものということになる。武器輸出三原則と憲法を議論する際に必須の要素は、三原則が憲法の許容する制約であるかどうかという観点である。三原則と憲法を論じる際に、公共の福祉の観点はこれまで見落とされており、憲法９条を強調することで他の憲法理念が無視されてしまうとすれば大いに問題である。過去の武器輸出三原則と憲法をめぐる議論を見る限りは、こうした問題点は指摘すらされていないのが実情である。

**輸出の自由**

憲法が、公共の福祉による制約を許容するかという観点からは、輸出の自由についての検討を欠かすことはできない。憲法では職業選択の自由から導かれた営業の自由が基本的人権として認められている。さらに営業の自由の一環として、輸出の自由を政府も判例も学説も認めている。武器輸出が輸出の自由の例外であるということは自明ではない。麻薬などとは異なり武器輸出は禁止すべきだと定める国際条約などの規範もなければ、国内法上も武器輸出を全面的に禁止するという法律もない。武器輸出に輸出の自由など認められるはずもない、という議論は次のいずれかの思想を前提としている。第一に、① 武器のような「社会悪」「存在悪」に自由を認めてよいはずがない、という思想である。この思想のもつ「神話」性は後述するが、ここでは武器自体を「悪」であると断定することは、国際的に認められていないことはもとより、憲法上も自衛権を肯定するのであれば、「武器も必要な場合がある」ということを認めていることを指摘しておきたい（→第1編第5章参照）。武器は憲法上も必ずしも「存在悪」とは捉えられてはいないのである。第二の思想は ② 武器を野放しにしてはいけないだろう、というものである。この思想は前者とは異なり武器を全て「悪」と捉えるのではなく、武器を何の管理もせずに野放しにすることの弊害を強調する。そのため厳格な管理が必要だという結論に達する。第二の思想を前提とする限り武器輸出自体は否定されない。「必要な武器」もあるという前提に立ち、輸出の自由という基本的人権と公共の福祉による制約とのバランスという形で議論が進められることになる。したがって、輸出の自由を否定せずに武器輸出管理を正当化することができる。たとえ武器であっても、輸出をすることは、まずは基本的人権として輸出者は保護されている。輸出者とは典型的には防衛産業だが、後述のように大学や研究機関も輸出者となり得る（→第2編第2章（3）「武器輸出三原則上の『輸出』」外為法上の輸出参照）。これが憲法の基本的な考え方である。しかし、何でも輸出者の自由にしてしまっては世界中に武器があふれ、むしろ国際紛争を助長してしまう。だからこそ、厳格な管理が公共の福祉を理由とする制約として正当化できるのである。少なくとも、憲法上はこのように整理されることになる。

次のトピックで紹介するように、過去の判例では外為法に基づく輸出管理制度を違法としたものがある。判例では冷戦当時のココム（対共産圏輸出統制委員会）に基づく輸出管理を違法なものと判示して、学説でも支持されていると言われている。しかし、不思議なことにこの判決（日工展判決）を支持し、輸出の自由を認める立場であれば、ココムに基づく規制よりもさらに厳しい規制——原則として輸出を許可しない——である武器輸出三原則の正当性も疑問視されるはずであるが、そうした論者は皆無なのが実情である。外為法による輸出管理を批判しつつ三原則を批判しないという論理構成は、最近になっても依然として見られる。これは、三原則は憲法（9条）に基盤を置いているので、外為法をいくら批判しても三原則は安泰だ、という誤解に基づくものであると考えられる。武器輸出三原則「神話」は、こうした議論にも影響を与えている。

**トピック：日工展判決**

武器輸出ではないが外為法上の輸出許可制度そのものが争われた事件がある。1969年に北京・上海日本工業展覧会（日工展）が、展覧会出品のために外為法第48条に基づき、通商産業大臣に輸出承認を申請したところ不承認とした。これに対して日工展は、外為法に基づく通商産業大臣の輸出不承認処分の違法性を主張し、国家賠償を請求した（いわゆる日工展事件）。本件における東京地裁判決（東京地判昭和44年7月8日）において、「輸出の自由は、国民の基本的人権であって、立法その他の国政の上で、最大の尊重を必要とするから、その制限は、最小限度のものでなければならない」と判示した。その上で「輸出が純粋かつ直接に国際収支の均衡の維持ならびに外国貿易及び国民経済の健全な発展を図るため必要と認められる」場合のみ、通商産業大臣が輸出を制限できるとし、当時のココムに基づく安全保障を理由とする規制（具体的には輸出貿易管理令に基づく輸出不承認処分）を違法とした。他方、国家賠償請求は通商産業大臣に故意または過失がなかったとして棄却した。

これに対して、政府側は次のように考えていた。まず、「輸出の自由」は、憲法 22 条の職業選択の自由の一環である営業の自由に包摂されるものである点については地裁判決と異なるところはない。しかしながら、同時に外為法は、外国貿易及び国民経済の健全な発展に必要な範囲であれば輸出を規制することができる。そして、ココムによる規制は当時の西側諸国の大部分が参加しているものであり、それを無視することは我が国の貿易、経済の発展に著しい支障を及ぼすと考えられる。しかし、そうした主張を国は控訴審で争うことができなかった。形式的には国は勝訴したため控訴できず、形式的には敗訴した原告は控訴しなかったためである。また、国際的な平和及び安全の維持を妨げると認められる輸出は、当時の外為法の目的であった対外取引の健全な発展、あるいは我が国経済の健全な発展に重大な影響を与えるおそれがある、と政府は考えていた。そのため、外為法で安全保障を理由とする規制は可能であり、憲法 22 条に違反するものではないとしてきた。

現在では、外為法の目的（第 1 条）に「我が国又は国際社会の平和及び安全の維持を期し」と規定され、役務取引（第 25 条）、貨物の輸出（第 48 条）のいずれにも「国際的な平和及び安全の維持を妨げることとなる」取引または輸出は、経済産業大臣の許可が必要とされており、このような論点が問題となることはなくなったと考えられる。

出典：田上博通・森本正崇『輸出管理論』（信山社、2008）

**学問の自由**

公共の福祉や輸出の自由からの議論が欠落していたことは、武器輸出管理が私人の行動を制約するものである、という観点からの検討が欠落していたことを意味する。武器輸出管理が制約する私人の自由は経済活動だけでない。紛争地域に取材活動に行く記者が持参するガスマスク（防毒マスク）も「武器輸出」であり、テロ対策のための研究活動からも「武器輸出」が生起することがある。そのため武器輸出管理は単に経済活動の自由だけでなく、報道の自由や学問の自由といった基本的人権をも制約するものである。だからこそ、こうした制約が公共の福祉に基づき必要なものであるかどうかの検討が必要不可欠なのである。

武器輸出を「死の商人」であるとレッテルをはり、こうした議論そのものを封殺するようでは法治国家の姿とは言えない。

同様に大学や研究機関が、武器の研究に従事することを組織として一律に「自粛」したり、「禁止」したりすることを大学の自治として認めてよいかは大いに疑問である。研究者個人の良心から軍事研究を忌避することはもちろん自由である。しかし、研究者個人の意思を問うことなく組織的に忌避することは、研究者個人の学問の自由と衝突しよう。研究者個人の学問の自由に抵触する制約が、大学の自治として無制限に認められるのであろうか。

**軍事研究の忌避**

日本ではテロ対策機材の研究が進められている。その中には武器の研究に相当するものがある。大学や文部科学省にとっては「安心・安全技術」という名であっても、外為法においては武器に当たる場合がある。日本では、武器の研究活動に従事している大学や研究機関はないと思われている。しかしながら、テロ対策機材は外為法上の武器に相当するものがある。大学や研究機関では安心・安全技術としてテロ対策機材の研究開発が積極的に進められている。文部科学省は、2010年度も「安全・安心な社会のための犯罪・テロ対策技術等を実用化するプログラム」として次のような研究開発を公募している。

・ 化学剤現場検知システムの開発
・ 化学剤遠隔検知システムの開発
・ 化学防護服の改良

こうした研究開発が、外為法上は武器に当たる可能性がある（具体的には輸出貿易管理令別表第1の1の項（13）「軍用の細菌製剤、化学製剤若しくは放射性製剤又はこれらの散布、防護、浄化、探知若しくは識別のための装置若しくはその部分品」である。外為法上の武器については→第２編第１章（１）「武器と汎用品」外為法上の武器参照）。武器だから研究開発すべきではない、と一概に言えるものではない。議論されるべきは学問の自由と調和のとれた安全保障上の規制であり、一律に禁止をしたり、非規制にすることではない。武器だから研究すべきでない、といった議論は学問の自由と緊張関係に立つことは言うまでもない。東日本大震災後の原子力発電所の事故では、ロボットが活躍している。しかし、これまでは軍事を忌避する風潮によって、核戦争での使用も想定される耐放射線能力のあるロボットなどの資機材の研究開発を忌避したり、研究者を十分に支援してこなかったことはなかったであろうか。

軍事に関する研究を忌避する傾向によって、大学や研究機関の中には自衛官を研究員として受け入れることを拒否しているところもあると言う。もし、本当に自衛官が自衛官という身分のせいで受け入れを拒否されているのだとすれば、ある種の差別ではないかと危惧される。同時に、大学や研究機関で軍事研究が全く行われてこなかった（少なくともそのように考えられてきた）ことがもたらした「副作用」について、振り返る機会となっているのではないだろうか。例えば、原子力の安全に関する研究にこれまで自衛隊が関与する場面は、全くなかったであろうと思われる。しかし、東日本大震災後に原子力発電所が事故を起した際、現実に高い放射線が観測される場所で最前線で対応したのは他ならぬ自衛隊や警察、消防であった。彼らがこれまで放射線防護に関する研究活動に関与していなかったとすれば、しかも、その理由が「軍事」だからということであれば、非常に残念なことである。東日本大震災後の原子力発電所の事故が付きつけた現実に対して、過去の研究に対する姿勢を振り返ってみる必要があろう。

なお、そもそも大学で研究する「安心・安全技術」が武器に当たること自体がおかしいのではないか、という疑問も当然に湧く。この点については後述する（→第１編第６章（１）「武器の範囲」参照）。

### トピック：東京大学のロケット輸出―武器輸出三原則の別の顔

武器輸出三原則では、政府による武器輸出（自衛隊の海外派遣）と経済活動だけが対象となっていると思われている。しかし、佐藤栄作総理大臣が三原則を表明した際に論点となっていた事案は、東京大学のロケットをインドネシアやユーゴスラビア輸出した問題だったのである。華山親義議員（社会党）は「東大のロケットをインドネシア、ユーゴに輸出しておる。武器に転換する性格のあるようなものは輸出すべきではないじゃないか」（1967.4.21）と東京大学のロケットがインドネシアやユーゴスラビアに輸出されたことを批判した。佐藤総理大臣の三原則表明は華山議員のこの批判を受けてのものであった。ちなみに、東京大学のロケットは武器ではない。しかし、ミサイルに転用できるからという理由で輸出が批判されていた。

東京大学のロケット輸出をめぐる問題はその他にも現代に通じる問題を多岐にわたって提示していた。一つは①武器に転用可能なもの（汎用品）の輸出管理をめぐる問題である。武器だけを管理すれば十分でないことは明らかであり、この点では先見の明のある指摘と言えよう。ただし、武器同様に一律に輸出禁止すればいいというものではないことは言うまでもない。次に②研究成果の公表をめぐる問題がある。武器に転用されるような研究成果を公表すべきでない、という批判があった。こうした観点からは、秘密保護法制の必要性も野党側から指摘されていたのである。さらに、軍からの受託は一律に禁止すべきだという議論も展開された。受託に当たって研究成果を非公表とするような合意があった場合や、外国政府の利益と日本国民の利益が相反関係になるような場合は、特に問題とされよう。しかし、たとえ委託元が軍であったとしても、外国政府からの受託が全て禁止されることは、学問の自由に対する制限としてその妥当性が問われよう。また軍人を研究活動から一律に排除しようという動きもみられた。学問の自由との関係を全く整理しないまま、こうした議論が展開されていたことは危惧すべきことである。

こうした軍事研究を忌避する後遺症は、現在でも引きずっている可能性があることを踏まえると、東京大学のロケット輸出問題は古くて新しい問題を我々に投げかけている。

### (3) 武器輸出三原則は「国是」か

武器輸出三原則を武器輸出禁止の規範として、その根拠を憲法9条に求める「神話」は、さらに進めて「**武器輸出三原則は国是である**」《神話3》という「神話」をも展開する。

「国是」とは一体何か。「広辞苑」によれば「国家としての方針」であるという。仮に武器輸出三原則が国是であるとすると、日本では憲法上規定されていないことはもとより、後述のように立法行為でもない政府見解で「国是」を定めることができることになる。これは立法行為を蔑ろにしていることと考えるが、他ならぬ立法府からこうした主張が聞かれること自体が、法治国家の姿としていかがなものであろうか。「国家としての方針」はまずは憲法、次いで立法、さらに両者を受けて政府が立法の枠内で具体的な政策を示すのが法治国家の姿である。

**武器輸出三原則は、武器輸出管理に関して政府が示した方針に過ぎず国是ではない。**

# ◇第 2 章◇ 武器輸出三原則は武器輸出を禁止している

## ——法制度をめぐる誤解

### ●《神話 4》武器輸出三原則によって武器輸出は禁止されている●

武器輸出三原則は武器輸出を禁止しているという「神話」は、憲法 9 条が武器輸出を禁止しているという冒頭の「神話」でも前提となっている。また、たとえ憲法 9 条が直接武器輸出を禁止していないとする論者でも、おそらく大多数がこの「神話」に何の疑問も持たずに議論を展開している。この「神話」は三原則を「擁護」するか「見直し」を主張するかに関わらず、多くの議論の大前提となっている「神話」である。すなわち、武器輸出禁止を追求する者は三原則「擁護」と称して武器輸出禁止を正当化する。他方で武器輸出「解禁」を追求する者は三原則「見直し」と称して武器輸出禁止政策の「見直し」を主張する。

しかし**武器輸出三原則は武器輸出を禁止していない**。むしろ**武器輸出三原則で武器輸出を禁止することはできない**のである。これまでの三原則をめぐる議論の大部分は、この「神話」を前提としたものだったのはないか。そうであれば、こうした「神話」を前提としている議論が全て成り立たなくなる。実は「見直し」が必要なのは三原則ではなく、三原則をめぐって展開されてきたこれまでの議論なのではないだろうか。

## (1) 外為法と武器輸出三原則

**外為法と武器輸出**

武器輸出三原則は、政府が表明した武器輸出管理の方針であったが、政府の方針である以上、法的根拠が必要である。政府が何の立法上の根拠もなく、基本的人権の制約となる武器輸出管理が許されるものではない。武器輸出管理は、外為法によって規制されており、三原則は外為法の運用方針と位置付けられている。具体的には、三原則は外為法第48条で許可対象となっている、武器輸出の許可基準として運用されているものである。つまり、武器輸出三原則は外為法の下位に位置付けられている。

外為法は、憲法に由来する輸出の自由を受けて制定された法律であり、外為法第47条では、外為法の「目的に合致する限り、最少限度の制限の下に」輸出が許容されている。外為法の目的は外為法第1条に規定されており、こうした**外為法の目的に合致しない限り規制は許されない**。外為法第1条や第47条は、単に外為法だけでなく憲法の基本的人権にまで遡る背景がある。

◆ 外為法(抄)

> **第1条**　この法律は、外国為替、外国貿易その他の対外取引が自由に行われることを基本とし、対外取引に対し必要最小限の管理又は調整を行うことにより、対外取引の正常な発展並びに我が国又は国際社会の平和及び安全の維持を期し、もって国際収支の均衡及び通貨の案点を図るとともに我が国経済の健全な発展に寄与することを目的とする。
> **第47条**　貨物の輸出は、この法律の目的に合致する限り、最少限度の制限の下に、許容されるものとする。

憲法解釈でもなく立法でもない武器輸出三原則が、憲法はもとより、外為法よりも下位に位置付けられるのは、法治国家においては当然のことである。この観点からも憲法解釈でもなく、立法行為でもない三原則を、安易に国是などと標榜することの危険性を指摘することができよう。三原則をめぐるこれまでの議論の多くが、外為法の存在を無視している。これでは法治国家における議論とは言い難い。まずは、外為法の規制枠組みと、その中での三原則の位置付けを理解した上で議論を展開することが、三原則を議論する上で最低限必要なことであろう。(この点につき→第2編で武器輸出三原則の実像を詳しく検討する)

**武器輸出禁止法の合憲性**

武器輸出三原則は憲法や外為法から見れば基本的人権を制約する「例外」である。ただ、「憲法の精神」として「国際紛争等を助長することを回避する」という三原則の目的に役立つ場合に限って、運用が許されている。したがって、安易な拡大解釈は憲法や外為法と衝突することになる。

武器輸出三原則が、輸出を自由とする憲法や外為法からは「例外」と考えられる措置である以上、基本的人権をより制約する武器の完全禁輸を可能にするためには、憲法を改正し、武器輸出を経済活動の自由や学問の自由に対する例外として位置付けることが、最も明快な方法である。反対に、現在の憲法を前提とする限りは武器輸出を一律に禁止する立法は憲法違反になる可能性がある。武器輸出禁止法を憲法9条が求めていない上に、憲法上はむしろ経済活動の自由や学問の自由との関係がより直接的な論点となる。**基本的人権の制約を必然的に伴う武器輸出全面禁止に憲法は否定的である**。

したがって、憲法上は武器輸出の「合憲性」より、むしろ武器輸出禁止の「合憲性」が問われることになる。しかしながら、武器輸出禁止の「合憲性」についての議論は、立法府や法学界(憲法学)においてこれまでほとんど見られなかったのが現実である。

武器輸出禁止のような「いいこと」が憲法上認められないはずがない、という主張もあり得る。こうした議論を展開するためには、武器輸出禁止は「いいこと」なのか（この点につき→第１編第５章参照)、たとえ「いいこと」だとしても憲法上可能なことなのか、につき手順を踏んで議論する必要がある。詳しくは後述するが、「いいこと」かどうかについて、これまでほとんど議論の形跡がなく、まるで議論の前提であるかのように扱われてきたのが現実である。最後に、言うまでもないことだが、武器輸出禁止法の制定も武器輸出三原則「見直し」の究極的な姿の一つである。さらに、三原則が武器輸出の全面的な禁止を目的としていないことから、三原則の延長に武器輸出の全面禁止があるという議論も誤りである。

### （２）「慎む」≠禁止

**武器輸出＝「死の商人」？**

外為法と武器輸出三原則の関係を踏まえた上で、三木内閣の政府統一見解における武器輸出を「慎む」について考えてみよう。多くの「神話」は、「慎む」を武器輸出の全面禁止と解釈することで、武器輸出三原則が、武器輸出禁止の規範であると言う。それでは、「慎む」ことが武器の全面的な輸出禁止を意味する、と解釈することは可能であろうか。言葉そのものの意味から「慎む」ことが全面的な禁止を意味すると解釈することはやや無理があるものの、仮にあらゆる武器の輸出が国際紛争を助長すると言えれば、「慎む」ことによって武器の全面的な輸出禁止を意味すると解釈することは可能かもしれない。しかしながら、全ての武器輸出が国際紛争を助長する――俗に言う「死の商人」であるとは言えるだろうか（「死の商人」については→第１編第５章（２）「武器の位置付け」「死の商人」参照)。そもそも何をもって「死の商人」と断ずるかは議論のあるところであるが、仮にあらゆる武器の輸出が国際紛争を助長するとすれば、日本が輸入している武器も国際紛争を助長していることになる。日本の輸入する武器は、他国（多くの場合米国）が輸出する武器である。武器輸出国が日本に武器を輸出することで「国際紛争等を助長」しているという理屈は、論理的にはあり得るが日本政府としては採用しえない。およそ全ての武器輸出が国際紛争を助長している、という議論の帰結は非武装か、武器を全て国産にしなければならないということになる。こうした議論を武器を輸入している日本政府が採用していないことは当然である。繰り返すが、武器輸出三原則は政府が表明したものであり、政府はこうした議論を前提に三原則を表明しているのではない。もちろん、こうした観点から自衛隊の保有する武器が国際紛争を助長していないか、と保有の妥当性を検討することは必要であるが、あらゆる武器が国際紛争を助長していると論理必然で言えるものではない。また、武器輸出三原則もこうした議論を前提としているものではない。

**「慎む」の解釈**

上記のように、実態論として「慎む」を全面禁止と解釈することはできないが、法制度上はどのように整理されているのか。三木内閣の政府統一見解では、武器輸出三原則対象地域（佐藤栄作総理大臣が「認めない」とした紛争当事国などへの武器輸出）については武器輸出は「認めない」とする一方で、それ以外の地域への武器輸出については「慎む」こととした。「慎む」ことは「認めない」ことではないので、原則として輸出は許可しないものの、「慎む」に当たらないと判断される場合には「慎む」必要はなく、武器輸出は許可される。「認めない」（全面禁止）と「慎む」（原則禁止）は意図的に区別されて使用されており、その意味合いは異なる。原則禁止という「慎む」には、当然例外が内包されていることになる。具体的には、武器輸出三原則の目的である国際紛争等の助長回避という目的に反しない場合には、「慎む」必要はないことになる（→第２編第２章（３）「武器輸出三原則上の『輸出』」参照）。

したがって、「慎む」という言葉を禁止と解釈することはできないし、政府もそのように解釈してはいない（より厳密には、そのような解釈は外為法上不可能であるのだが、その点につき詳しくは→第１編第３章（２）「外為法との整合」参照）。

三木内閣の政府統一見解は、「慎む」ことによって武器輸出は原則として許可しないという方針を示したものである。上記のように、武器輸出三原則の目的に反しなければ、「慎む」に当たらず武器輸出が許可されることは当然のことである。したがって、**武器輸出三原則は武器輸出を全面的に禁止しているという理解は誤り**である。残された論点は、どのような場合に「慎む」に当たるのか、または「慎む」に当たらないのかを検討することである。

全ての武器輸出を禁止すべきだ、という政策論はもちろんあり得るものである。ただし重要な点は、全ての武器輸出を禁止すべきだ、という議論は武器輸出三原則の「擁護」ではないという点である。三原則が全ての武器輸出を禁止したものでない以上、その「擁護」が全面的な武器輸出の禁止となることは論理的にあり得ない。全ての武器輸出を禁止すべきだという議論は武器輸出三原則の「見直し」の究極的な姿の一つである。

# ◇第３章◇ 三木内閣の政府統一見解が諸悪の根源である
## ——政府統一見解に対する誤解

### ●《神話５》武器輸出を禁止する諸悪の根源は三木内閣の政府統一見解である●

第２章で検討したように**三木内閣の政府統一見解で武器輸出は禁止されていない**。したがって、この「神話」の誤りは既に明らかであるが、その背景につきさらに検討したい。

三木内閣の政府統一見解こそが武器輸出三原則の核心であり、これによって武器輸出禁止が可能になったと考える論者は、武器輸出の「擁護」「見直し」に関わらず多い。三原則「見直し」論者は三木内閣の政府統一見解、特にその「慎む」こそを諸悪の根源であると考え（これは、「擁護」論者が三木内閣の政府統一見解を画期と考えることの裏返しであり、全く同じ「神話」に基づいている）、三木内閣の政府統一見解さえなくなれば、武器輸出は可能になるという主張がある。こうした主張をする論者は、例えば佐藤栄作総理大臣の三原則に戻るべきである、といった主張を展開する。果たして、佐藤栄作総理大臣の三原則に戻れば武器輸出は容易になるのであろうか。

### （１）武器輸出三原則の歴史

**通商産業省の内規**

武器輸出三原則の歴史を考える上で、まずは三原則の法制度上の役割について確認しておきたい。武器輸出をする者は、外為法に基づき経済産業大臣の許可が必要である。武器輸出許可申請があれば経済産業大臣は許可の可否を決定する。この経済産業大臣が許可の可否を判断する際の基準（正確には基準の一つ）が三原則である。外為法上、武器輸出許可の許可権限は経済産業大臣（以前は通商産業大臣）に与えられている（外為法第48条）。

許可を判断するのが経済産業大臣であるから、外為法によって与えられた裁量権の範囲で、許可基準を定めるのも同じく経済産業大臣である。元々、武器輸出三原則は、当時の通商産業省が武器輸出の許可基準として省内で運用していた内規であった。1967年に佐藤栄作総理大臣が表明する以前から内規はあったようであり、既に佐藤総理大臣の三原則に相当する基準を内規として通商産業省当局者が国会で説明していた。

**武器輸出三原則は通商産業省の内規だった**のである。改めて三原則が国是であるという議論を振り返るとき、一行政機関の内規を国是だと主張することの異様さも理解されよう。

三木内閣政府統一見解の要素

同様に、1976年の三木内閣政府統一見解の内容も既に通商産業省内の内規として運用されていたものであり、統一見解表明以前に全てその内容は国会において明らかにされている。三木内閣政府統一見解に続き、武器輸出三原則上の武器の定義も示されるが、この定義も既に通商産業省内の運用では確立されていたものである。したがって、**「三木内閣の政府統一見解によって武器輸出管理が変わった」**《神話６》、特に**「三木内閣の政府統一見解以後武器輸出は禁止された」**《神話７》**という主張は「神話」である**。三木内閣政府統一見解の前後において、政府の武器輸出管理に制度上の変化はない。この点は国会における議論を振り返れば明白である。

この点は次のように説明することも可能である。すなわち、三木内閣の政府統一見解の前後において外為法の改正は行われていない。

条文上は全く同一の規制のままである。外為法第48条によって輸出許可（当時は承認）の取得が義務付けられていたのであり、もし多くの論者が指摘するように、三木内閣の政府統一見解によって（それまでは可能であった）武器輸出が禁止されるとすれば、法改正もないままある行為が可能になったり禁止されたりすることになる。外為法の条文上、武器輸出を禁止するという規定はない。もちろん、他の条文で武器輸出禁止を読みこむことは不可能である上、政府の方針だけで可能だった行為を禁止することができると考えられてきたこと自体が、この「神話」の危険性も物語っている。

### 「慎む」元祖 ――田中角栄

三木内閣の政府統一見解で、「慎む」ものとされた武器輸出一般であるが、こうした方針は既に田中角栄通商産業大臣や総理大臣の時代に繰り返し表明されていた。

**ポイント◆三木内閣の政府統一見解以前から武器輸出は「慎む」方針**

- 武器というものの輸出ということに対しては、非常に慎重でなければならない（田中角栄通商産業大臣　1972.3.23）
- 武器輸出につきましては、武器輸出三原則がございまして、ほとんど輸出をしておらない（田中角栄通商産業大臣　1972.4.4）
- 政府は、従来から武器輸出三原則を設定するなど、きわめて慎重な態度を取ってきております（田中角栄総理大臣　1973.9.23）
- 政府の基本的な考え方は全く変わっておりません。武器は輸出しない（田中角栄総理大臣　1974.3.29）

田中角栄通商産業大臣や続く総理大臣の時代に、三木内閣の政府統一見解は示されてはいない。しかし、既に「非常に慎重でなければならない」などと、武器輸出全般を「慎む」という方針は示されていた。

実際、三木武夫総理大臣は田中角栄総理大臣が「武器は輸出しない」と断言しているのに対して、武器輸出禁止を明言しないことから「後退」であると激しい糾弾にさらされていたほどである。外為法上、禁止されていないのであるから、三木総理大臣の見解の方が法制度的には当然の整理である。いずれにせよ、少なくとも三木総理大臣または三木内閣が武器輸出管理を厳しくしたという指摘は、必ずしも妥当しない。

なお、武器輸出全般を「慎む」方針だけでなく、三木内閣の政府統一見解で示された武器製造設備についても、既に武器輸出三原則に準じた扱いとするという方針が示されていた。

三木内閣政府統一見解の意義

**三木内閣の政府統一見解はそれまでの運用を定式化したに過ぎない**。つまり、三木内閣の政府統一見解が武器輸出禁止を可能にした「画期」でもなければ、「諸悪の根源」でもない。別の言い方をすれば、三木内閣の政府統一見解をなくしたからといって、武器輸出管理のあり方が変わるとは限らないということになる。たとえ三木内閣の政府統一見解がなくても、武器輸出全般を「慎む」という政策は引き続き維持しうることになる。残された問題は、輸出が原則自由の外為法上で、どのように武器輸出全般を原則禁止である「慎む」運用が可能になっているのかということになる。

### （２）外為法との整合

**輸出の自由との関係**

外為法第47条では、輸出は原則自由とされている。武器輸出三原則という政府の方針で、武器輸出を原則禁止という運用を可能にするためには、両者をつなぐための整理が必要となる。より具体的には、外為法の下位規範である武器輸出三原則と、外為法を矛盾なく整理するための理屈が必要になる。

政府は、この両者をどのように結び付けているのであろうか。その点を確認することが、武器輸出三原則の法的な位置付けを理解するためには不可欠である。三木内閣が政府統一見解を表明する前に既に両者の整理が示されている。

まず、武器輸出一般について、佐藤栄作総理大臣が表明した武器輸出を「認めない」場合以外の武器輸出は、外為法の精神に基づき個々に判断をするという。その判断をする根拠は、武器輸出許可申請の可否を判断する通商産業大臣（現、経済産業大臣）の裁量権にある。したがって、外為法の精神の範囲内で輸出の可否を通商産業大臣（現、経済産業大臣）が裁量で判断できることになり、武器輸出三原則、特に武器輸出を「慎む」ことはその裁量の一つであると位置付けられることになる。

それでは、外為法の精神とは一体何であろうか。なぜ外為法の精神に基づけば輸出一般は原則自由であるにもかかわらず、武器輸出全般を「慎む」ことが可能となるのであろうか。政府は輸出の自由を前提に外為法第47条が規定されていると位置付けている。その上で、法目的にある「国際収支の均衡の維持並びに外国貿易及び国民経済の健全な発展」ために必要な規制として、武器輸出を許可制としており、その運用方針として武器輸出三原則を位置付けている。三原則は、あくまでも「国際収支の均衡の維持並びに外国貿易及び国民経済の健全な発展」ために必要な規制なのである。したがって、佐藤栄作総理大臣が表明した三原則に該当しないような場合であっても、「国際収支の均衡の維持並びに外国貿易及び国民経済の健全な発展」ために必要であると判断される限りは、武器の輸出を許可しないことが認められるのだ、通商産業大臣（現、経済産業大臣）にはそのような裁量権があると整理する。輸出の自由との調和は意識されていたのである。**武器輸出三原則は輸出の自由と共存できるし、共存できる範囲内でしか存在を許されない。**

**日本経済と世界平和**

それでは、なぜ武器輸出を規制することが「国際収支の均衡の維持並びに外国貿易及び国民経済の健全な発展」ために必要であると考えられるのか。この点について、政府は、貿易立国である日本経済のためには世界平和が必要であるからだという。つまり、円滑な経済活動のためには世界が平和でなければならないからだと説明する。後の三木内閣の政府統一見解の表現で言えば、日本からの輸出によって「国際紛争等を助長することを回避する」ことが、日本経済にとって必要だと位置付けているからこそ、武器輸出管理が正当化され、一定の場合には武器輸出を禁止する武器輸出三原則が正当化されるのである。

**外為法の精神**

このように、外為法の精神に則って判断をすることにより様々な案件に柔軟な対処が可能になる。外為法の精神としては、外為法の目的（第1条）が挙げられる。ちなみに、外為法の精神とはいえ、外為法の条文上に明文の根拠があるものであり、条文上の根拠を持たない「憲法の精神」とは異なるものである。ただし、全ての武器の輸出が「国際紛争等を助長」するものとは言えない以上、武器輸出を禁止することを正当化することはできない。

なお、佐藤栄作総理大臣の三原則や三木内閣の政府統一見解が示された時期には、外為法の目的に「我が国又は国際社会の平和及び安全の維持」がなかった。そのため、経済的な目的である「国際収支の均衡の維持並びに外国貿易及び国民経済の健全な発展」が、世界平和と関係しているのだと若干遠回りに正当化していた。現在では、より直接的に「我が国又は国際社会の平和及び安全の維持」のために必要であると判断されれば、武器輸出全般を「慎む」ことは法的に可能である。繰り返しになるが、全ての武器輸出が、「我が国又は国際社会の平和及び安全の維持」のために悪影響を与えるとは言えないことは言うまでもない。武器輸出によっては、「我が国又は国際社会の平和及び安全の維持」に貢献するものも考え得る。そうした武器輸出が「慎む」対象とならないことは、この整理からも当然に導かれる。

以上の検討を踏まえると次のことが言える。

**ポイント ◆ 外為法と武器輸出三原則の関係**

- 原則自由の外為法と、原則禁止の武器輸出三原則とを結び付けているものは外為法の精神であり、具体的には外為法の目的である
- 三木内閣の政府統一見解以前から武器輸出全般を「慎む」方針は示されており、「慎む」ことは必ずしも外為法の原則自由と矛盾しない（外為法と矛盾しない範囲でしか「慎む」ことは許されない）。したがって、**三木内閣の政府統一見解の有無にかかわらず、武器輸出全般を「慎む」運用は法的に可能である**
- 外為法の目的に反しない限りにおいて「慎む」ことが可能なものであり、**全ての武器輸出を禁止することは外為法の目的からも認められない**

# ◇第４章◇ 日本は他国と武器の共同開発ができないので、武器輸出三原則を見直すべきだ

## ――共同開発の可否の誤解

### 《神話８》武器輸出三原則のために国際的な武器の共同開発ができない

日本は武器輸出三原則があるので武器の共同開発や共同生産ができない、という「神話」も根強い。もちろん、「だから武器の共同開発をすべきでない」という議論も展開されるのであるが、同時にこの「神話」に基づき、「だから武器の共同開発をするために武器輸出三原則を見直すべきだ」、という主張は武器輸出三原則「見直し」論を構成する主要な主張の一つになっている。

**共同開発の可否**

外為法上、武器の共同開発や共同生産は禁止されていない。外為法では武器輸出は許可が義務付けられているだけであり、共同開発や共同生産について何ら規定していない。もちろん、武器輸出三原則上も禁止されていない。ただ、一般的に武器輸出は「慎む」ものとされているので、「慎む」に当たらない場合と整理されることが必要である（または、武器輸出三原則の例外とする必要がある）。

**歴史の誤解**

武器輸出が一律に禁止されているわけではないのだから、武器輸出を伴う武器の共同開発や共同生産も一律に禁止されているわけではない。法的な整理は極めて明確である。

しかし、これほど単純な整理がなかなか受け入れられなかった背景としては、まずは①武器輸出三原則が武器輸出の全面禁止とい

う規範として「神話」が形成されてきたことが挙げられる。さらに、②武器の共同開発に関する政府の見解を誤解してきたのではないか、という側面もある。

②の政府見解の誤解とは、対米武器技術供与に対する武器輸出三原則の例外化に伴うものである。1983年、最初の武器輸出三原則の例外案件として対米武器技術供与の例外化が決定された。例外化の対象は武器技術に限られており、その際、後述のように武器輸出に関する政府統一見解が表明され、武器輸出については「従来どおり」という整理が示された。この「従来どおり」とは武器輸出には三原則が適用されるという意味であり、武器輸出が全面的に禁止されるという意味にはなり得ない。しかし、三原則＝武器輸出全面禁止の「神話」とあいまって、米国向けの武器輸出は禁止されている、だから米国と共同開発ができない、という「神話」がその後定着した可能性がある。

さらに否定的なのは、米国以外の諸国との共同開発である。米国以外の諸国とは、対米武器技術供与のような例外化措置は一切ないことから、全ての案件で武器輸出三原則が適用される。そのため米国以外の諸国（例えばNATO諸国）との共同開発は当然に禁止される、という「神話」が生まれた。

### 政府が創り出した「神話」？

対米武器技術供与の例外化が決定された1980年代は、こうした「神話」に類似した整理を政府自身が語っており、こうした「神話」が定着したことも無理からぬことと思われる。

当時、政府は米国以外に対する武器技術の供与は不可能だと言っていた。しかし、これまでの議論からも明らかなように法的に不可能であると解釈することできない。それではなぜ不可能だと断言するのであろうか。当時の政府側の答弁を見ると、二つの説明がある。

一つは ① 武器輸出三原則が適用されるから輸出できないという答弁があり、これは明らかに法的に誤りである。他方で ② 米国との間にあるような二国間の協定がないからであるとも言う。② は、外交政策上、武器輸出には二国間の協定が必要だと言っているに過ぎない。そうした協定がない以上、武器技術の供与はできないと言う。しかしながら、こうした協定の有無と武器輸出をリンクさせる議論は、あくまでも外交上の政策論であり外為法の解釈論ではない。当時の一連の答弁が、外為法を所管する通商産業省（現、経済産業省）ではなく、外務省当局者による答弁であったことも、政府が論じていたのは外交政策であり、外為法の法解釈（武器輸出三原則もその一部）ではないことを示す証拠と言える。外為法を所掌していない外務省では、武器輸出三原則に関する解釈を示すことはできないことは当然である。

ただ同時に、法的に誤りの ① を答弁したのが、外為法を所掌していない外務省当局者であったように、この時期の政府が、武器輸出一般に極めて否定的であったことは事実である。通商産業省は答弁を避け、法的に武器輸出は可能だと説明することはなかった。少なくとも、この当時には「慎む」に当たらない場合についての検討が精緻化されておらず、一律に禁止と解していた可能性があること、他方で二国間の協定が武器輸出三原則の例外の条件であるかのように考えられていた可能性があることを指摘できよう。後者はあくまでも政策的な考慮であり、前者は法的に問題のある整理であった。

### 武器輸出に関する政府統一見解

先に述べたように、武器の共同開発ができないとする論拠として、武器輸出に関する政府統一見解が指摘されることがある。1983 年 3 月 8 日に示された武器輸出に関する政府統一見解は、米国に対する武器技術供与を武器輸出三原則の例外としたことに関して、米国向けの武器輸出は依然として三原則の対象であることが再確認されたものである。

◆ **武器輸出に関する政府統一見解**（後藤田正晴官房長官談話）

> 対米武器技術供与に関する今回の政府の決定は、日米安全保障条約及び関連取り決めの枠組みのもとで、米国に対してのみ、かつ、武器技術（その供与を実効あらしめるため必要な物品であって、武器に該当するものを含みます。）に限り、供与する道を開いたものであり、武器そのものの対米輸出については従来どおり、武器輸出三原則等により対処することとしたものである。
> **中曽根内閣としては、これまで再三にわたり武器の共同生産を行う意図のない**ことを国会で答弁していることからも明らかなとおり、武器そのものの輸出についての従来からの方針に何ら修正を加える考えはありません

ここで「中曽根内閣としては、これまで再三にわたり武器の共同生産を行う意図のない」と表明している。この部分から政府は武器の共同生産をしないと宣言しているという解釈がある。確かにこの政府統一見解で武器の共同生産は行わないことを宣言している。しかし、「中曽根内閣としては」、「意図のない」と二重の留保があることに気を付けなければならない。つまり、中曽根内閣は武器の共同生産を行わないことを宣言したが、その後の内閣については何も担保していない。さらに、「意図がない」という点は政治的意図であり法的に不可能であることは何も言っていない。反対に法的には可能な共同生産だからこそ、政府統一見解で「意図」がないことを表明したものとも考えられる。

**共同開発の是非**

本章のサブタイトルは「共同開発の可否」である。「共同開発の是非」ではない。是非とは可能であることを前提として、実施すべきかどうかを検討することである。本章に即して言えば、外為法上、武器輸出三原則上、

米国とも米国以外の諸国とも武器の共同開発や共同生産に従事することは法的に可能である。しかし、法的に可能であることは政策的に妥当であるかどうかは別問題である。改めてその妥当性――日本や世界の安全保障に資するかどうかなど――を検討した上で、共同開発や共同生産に参加するかどうかは最終的に判断されることになる。外為法上、武器輸出三原則上、禁止されていないというだけであって、法は共同開発をすべきかどうかについては何も語っていない。

いずれにせよ、法的可能性と政治的妥当性を混同したり、混線させて、政治的に妥当でない（共同開発に参加すべきではない）という主張を法的に不可能である（共同開発には参加できない）と主張することは議論のすり替えであり注意が必要である。

**自衛隊の武器の共同開発**

自衛隊が使用する武器を国際的に共同開発する際、各国で生産分担をする場合などに、日本から外国に武器の部品を輸出して外国で組み立てたものを再度日本で輸入するようなケースも考えられる。こうした武器輸出ももちろん原則的には武器輸出三原則の対象であるため、「慎む」に当たるか（あるいは武器輸出三原則の例外対象か、現時点では弾道ミサイル防衛（BMD）に関係するものを除いて例外対象ではない）の判断を経た上で、輸出許可の可否が決定される。過去には自衛隊のみが使用する武器であれば、「慎む」に当たらないという判断が示されている（→第2編第2章（3）「武器輸出三原則上の『輸出』「慎む」に当たらない場合――自衛隊関係参照）。しかし、一般的に共同開発であれば、他国が使用する武器も日本で何らかの分担生産をすることが想定される。例えば、100個の部品を輸出するが自衛隊用として戻ってくるのはそのうちの10個といったようなケースを想定してみたい（実務的には、どの部品がどの国向けの武器になるかを厳密に決められないこともあろう）。たとえ10個は自衛隊用の武器として戻ってくるとはいえ、原則としては武器輸出三原則の適用対象であるから「慎む」に当たるかどうかが問われることになる。もちろん「慎む」に当たると判断される場合には輸出は許可されない。

防衛大臣の判断尊重

政府は、一般論として、防衛省が参加する共同開発は第一義的には防衛省が判断すると整理している。つまり、たとえ防衛大臣が輸出者であっても武器輸出三原則は適用されるが、その適用に当たって、第一義的には防衛省の判断を尊重するとしている。防衛省が、国際紛争等の助長回避という三原則の目的に反するような共同開発に参加すれば、武器輸出は許可されない。しかし、防衛大臣が共同開発への参加が国際紛争等の助長回避という目的に反しないと判断した場合には、その判断を経済産業大臣は尊重するとしている。したがって、防衛大臣が国際紛争等の助長回避という目的に反しないと判断した共同開発案件では、**経済産業大臣は輸出許可の可否の判断において、防衛大臣の判断を基本的に尊重して、「慎む」に当たらないと判断することが推定される**。現時点では、弾道ミサイル防衛をのぞいて、防衛省・自衛隊が具体的な共同開発の案件を検討したという形跡はない。「慎む」に当たらない理由を提示する必要が防衛大臣にはあるものの、日本の防衛に必要なものであるという理由での共同開発は、防衛大臣の判断として尊重されよう。このように、自衛隊が使用する武器の共同開発の是非については防衛省に一定の判断を委ねている。

もちろん、経済産業大臣が最終的に「慎む」に当たるか否かの判断をする権限があるので、経済産業大臣が防衛大臣の判断を否定することも可能である。あくまでも尊重することが推定されているだけであり、自動的に防衛大臣の判断が最終判断になるわけではない。防衛大臣が必要であると考える武器の共同開発・共同生産を、経済産業大臣が武器輸出三原則に照らして認めない場合、防衛省の考える武器の共同開発・共同生産が「慎む」に当たる（または「認めない」場合に当たる）と判断される必要がある。（防衛大臣の判断を否定して）「慎む」に当たるということは、「国際紛争等を助長すること」になると経済産業大臣が判断したということになる。経済産業大臣は防衛大臣の判断を否定する以上、「慎む」に当たる理由を説明する責任は生じるものの、こうした裁量は外為法上は許されていると考えられる。こうした裁量まで経済産業大臣に認めず、防衛大臣が必要だと考える武器の共同開発・共同生産は全て許可されるべき（または許可が不要とすべき）という論点は、もはや武器輸出三原則の論点ではない。

そのため、少なくとも防衛省・自衛隊が使用する武器を共同開発・共同生産することを考えるのであれば、防衛省自身が主体的に輸出許可申請等に関与する必要があろう。審査に当たって、防衛省が積極的に「慎む」に当たらない理由や、場合によっては武器輸出三原則の例外化の必要性につき提示する必要があろう。少なくとも、武器輸出三原則のために共同開発ができないという議論は全く妥当しない。

# ◇第5章◇ 武器輸出三原則の例外化はその原則に反する

## ――例外化や第三国移転の誤解

### 《神話9》武器輸出三原則の例外化は憲法違反である

武器輸出三原則の例外化をめぐっても、三原則と同様の批判が繰り広げられる。三原則を憲法規範だという「神話」は、三原則の例外化を憲法からの「逸脱」と称する。武器輸出三原則を適用しないという判断――武器輸出三原則の例外化を「憲法違反」だと言うのである。

#### (1) 武器輸出三原則の例外化

武器輸出三原則の例外化と憲法9条

武器輸出三原則が憲法9条から命じられているという立場からは、三原則に例外扱いを認めることは憲法9条に違反するのではないか、という批判を招く。しかし、繰り返し述べてきたように、武器輸出そのものや三原則と憲法9条に直接の関係はない。したがって、三原則の例外化が憲法9条違反と解される余地はない。三原則の例外化を憲法違反ではないかと論じることは「神話」であり、政策論を憲法論にすり替えようとする手法である。

より珍妙な批判として、武器輸出三原則の例外化は武器輸出三原則に反するという批判がある。例えば、日本政府が三原則の例外として認めたインドネシアへの巡視艇供与について、社民党の福島みずほ議員は次のように批判する。

・インドネシア政府に対して巡視艇三隻をODAとして供与することを決めました。武器輸出三原則にも反しています（2006.6.15）

武器輸出三原則の例外化とは、例外化の対象となった武器輸出に三原則を適用しないことを意味する。したがって、**例外化の対象となった案件が武器輸出三原則に違反することは、論理的にあり得ない**。論理的には当たり前のことであるが、こうした批判が国会では繰り返し行われてきた。

**武器輸出三原則の例外化と国会**

武器輸出三原則の例外化は、後述のように官房長官談話で行われることが多い（→第２編第３章参照）。これに対して、国会に諮るべきという批判や国民の議を問うべきという批判がある。三原則そのものが政府が表明した方針に過ぎず、その例外化措置（武器輸出三原則という方針を適用しないという決定）も、もちろん政府が表明するものである。したがって、三原則の例外化を国会に報告するとか承認を得るといった手続はあり得ない。しかし、そうした手続があり得ない理由は三原則が立法でないためであり、こうした批判はまずは武器輸出三原則そのものに対して向けられるべきものである。すなわち、三原則は政府の独断で表明してもよいのか、外為法との整合性はどのようになっているのか、と議論するのが立法府の役割である。しかし、不思議なことにこうした批判を展開する場合に、その根本となっている武器輸出三原則は批判されない。

武器輸出三原則の例外化に対するこうした批判は、一見すると立法府重視の議論に見えるが、実は外為法の存在を無視したものである。こうした見解を国会議員が表明することは立法府自身が立法を軽視していることに他ならない。

### (2)第三国移転

**第三国移転と事前同意**

武器輸出三原則の例外化対象となった武器が、外国に輸出され、輸出先からさらに別の第三国に移転されることは十分に考えられる(第三国移転)。具体的には、例えば米国を中心とする多国間の協力関係の中で、日米間で供与された武器が米国から NATO 諸国に供与される可能性が考えられる。1983 年に米国に対する武器技術供与(対米武器技術供与)を、最初の武器輸出三原則の例外化案件として、政府が表明した。この当時から、政府では米国に提供した武器技術が、米国からさらに第三国に移転されるような事態を想定していた。対米武器技術供与においては、第三国移転に当たり日本政府の事前同意が必要となることで日米間で合意していた。政府が対米武器技術供与で、「国際紛争等の助長を回避する」という武器輸出三原則の基本理念は維持される、と整理した要素の一つとしても、第三国移転に当たり、政府の事前同意が必要となることが挙げられた。対米武器技術供与以降の武器輸出三原則の例外化措置でも、第三国移転に当たって政府の事前同意が、例外化措置の一つの条件となっていることも多い。

それでは、第三国移転の際には、日本政府の事前同意を得ることを前提として武器輸出三原則の例外とされた案件において、輸出許可と第三国移転の際の日本政府による事前同意との関係は、どのように説明されるのだろうか。次の例は三原則の例外となった弾道ミサイル防衛(BMD)に関する米国向け武器輸出について、具体的な輸出案件が発生した場合の判断枠組みについて、政府が国会で説明したものである。

**ポイント◆ 武器輸出許可の判断枠組み**

- **日本の安全保障や日米安全保障体制の効果的な運用に資するものであるかどうか**、また、**国際紛争等の助長を回避するという平和国家としての基本理念を損なわないものであるのかどうか**というような点につき厳格に判断する必要がある
- 輸出先の相手国との間で、その国が第三国に当該部品を輸出したり目的外に使用したりする場合には、事前に日本政府の同意を得ることを国際約束により義務づけるなど、所要の措置を講ずる
- 輸出許可申請が具体的になされた場合には、これらの条件が満たされるということを前提として、外為法に基づき経済産業大臣が個別に許可の可否を判断する

このように、第三国移転に当たり日本政府の事前同意を得ることを国際約束により義務付けることが、許可の判断に当たり要件の一つとなっている。ただし、事前同意を担保することが絶対条件となっているものではない。武器輸出三原則の例外化案件には、事前同意が条件となっていないものもある。例えば国連平和維持活動（PKO）における輸出者は自衛隊であり（自ら持参する武器が武器輸出に当たる。この点詳しくは→第２編第２章（３）「武器輸出三原則上の『輸出』」参照）、事前同意の対象とはなり得ない。あくまでも許可の可否を判断する一般的な基準は、まず①「国際紛争等の助長を回避するという平和国家としての基本理念を損なわないものであるのかどうか」という武器輸出三原則の目的にもなっている政策との整合性を担保することがあげられる。また、②「日本の安全保障や日米安全保障体制の効果的な運用に資するものであるかどうか」も確認され

るのである。

**武器輸出三原則と事前同意**

こうした第三国移転に当たっての事前同意について次のような主張がある。

### ◆ 第三国移転を巡る神話

《神話 10》「第三国移転に武器輸出三原則が適用される」
《神話 11》「第三国移転に武器輸出三原則が適用されるのだから、第三国移転に事前同意することはあり得ない」
《神話 12》「第三国移転に事前同意することは、武器輸出三原則に反する」

これらは全て「神話」である。以下、順に第三国移転の際の事前同意と武器輸出三原則との関係について見ていこう。

はじめに確認しておくべきことは、外為法と三原則の適用、または例外化の判断（武器輸出三原則を適用しない判断）は輸出時になされる。外為法は武器輸出の際に許可を要求しており（外為法第 48 条）、輸出許可の判断をする際に、適用される基準が三原則となることから当然のことである。輸出先の国に対して、第三国移転の場合には、日本政府の事前同意を得ることを義務付けることが輸出許可に当たっての条件であったとしても、輸出後、輸出先の国が第三国に移転したいとして日本政府に事前同意を求めてきた際の判断は、外為法の範囲外であり外為法が適用されることはない。なぜなら、第三国移転は日本からの輸出ではないため外為法の適用対象にはなり得ない（もし、外為法が適用されると整理すれば、日本の国内法を日本国外で適用することになるいわゆる域外適用であり、国際法上の大きな論点となろう）。したがって、武器輸出三原則が適用されることもない。事前同意は、あくまでも輸出先である国と日本政府との二国間の政治的合意が根拠となる。そのため、政府が第三国移転の可否を判断する際に武器輸出三原則は適用されない。輸出先の国が、第三国移転の際に、日本政府の事前同意を得ることは、外為法上の義務ではない。だから、輸出先の国が日本政府の事前同意を得ずに第三国移転した場合にも、政府間の約束違反の問題であり、外為法違反が問題になることはない。繰り返すが外為法上、輸入者である輸出先の国に第三国移転の事前同意を義務付けることは法的に不可能であり、この点は明確である。

こうした差異は1983年の対米武器技術供与のために初めて武器輸出三原則の例外化が行われた時点で既に明確に意識されていた。当時の政府は事前同意が求められた際の同意につき、日米両国政府間の約束の問題であり、日本の国内法の問題ではないと答弁し、外為法の問題ではないことを明確にしている。いずれにせよ国内法（外為法）の適用対象ではない**第三国移転の事前同意に、武器輸出三原則が適用されることはあり得ない**。

**事前同意の基準**

第三国移転の事前同意に武器輸出三原則が適用されることがあり得ない以上、**日本政府が第三国移転に同意することが、武器輸出三原則に反することもあり得ない**。もちろん、第三国移転に同意することが三原則の「緩和」や「空洞化」でないことも当然である。そもそも、適用対象でない案件に適用することの是非を論じるということ自体が、議論の名に値しないものである。それでも日本政府による第三国移転の同意を三原則と絡める主張は非常に多い。こうした主張自体が「神話」に基づいているものだと言える。

外為法や武器輸出三原則上、事前同意の基準は何も提供されていない。そもそも適用対象ではないのだから当然のことである。基本的には政策的な判断ということになるので、「ケース・バイ・ケース」ということになる。中曽根康弘総理大臣は「日本のいままでの政策に違反しない、そういうような場合には、それはイエスということもあります。しかし、違反する、わが方の政策と背馳する、そういう場合にはノーということもある」と説明している（1983.2.19）。それでも過去の国会における議論を見てみると、三原則上、第三国移転に同意することはできないのではないか、という質問が繰り返された。こうした主張は三原則は武器輸出を禁止しているという「神話」と、第三国移転に三原則が適用されるという「神話」を前提としたものであり、二重に武器輸出三原則を誤解したものである。

**武器輸出三原則の精神**

政府も、第三国移転に武器輸出三原則が適用されるといった「神話」に基づく整理はしていない。しかしながら、大野功統防衛庁長官は2005年に弾道ミサイル防衛のために米国に輸出した武器が第三国に移転されることはあり得るのか、という質問に対して次のような発言をしている。「アメリカへ提供された武器の第三国移転につきましては、やはり事前に日本の同意を取り付ける、このことをはっきりさせておきたいし、仮に実際に現実的にそういう問題が起こってアメリカから要請があった場合には武器輸出三原則の精神にのっとり慎重に検討することになろう」（傍点筆者）と述べ、その上で結論として「場合によっちゃそこに第三国供与ということがあり得る可能性がある」と答弁した（2005.7.14）。三原則そのものが適用されることはないので、「武器輸出三原則の精神」と表明したのであろう。三原則の精神とは、国際紛争等の助長回避という目的であると考えられる。また、日本からの武器輸出許可の判断基準とされていた「日本の安全保障や日米安全保障体制の効果的な運用に資するものであるかどうか」も考慮対象となろう。先述のように中曽根総理大臣は、「日本のいままでの政策に違反しない」かどうかで判断すると述べていた。

いずれにせよ、第三国移転の可否をいずれに判断しようとそれは武器輸出三原則そのものの論点ではない。したがって、繰り返しになるが、第三国移転に日本政府が同意することが、三原則に「抵触」することは論理的にあり得ない。第三国移転をめぐる「神話」から明らかになることは、三原則は内容に関する「神話」だけでなく、**武器輸出三原則が適用されない案件にまでその「神話」を拡大している**のである。

第三国移転の事前同意に、武器輸出三原則が適用されないからといって、全ての第三国移転を事前同意すべきである、という結論が導かれるものではない。むしろ、三原則をいくら議論しても事前同意の判断基準を提供することはできないことを示している。したがって、事前同意の判断基準をいかにすべきか、という政策論を武器輸出三原則とは別に議論する必要があるのである。

# ◇第 6 章◇ 武器輸出は悪である

## ──武器の役割への誤解

### 《神話 13》武器輸出は悪だ

武器輸出三原則を武器輸出の全面的禁止だ、という「神話」を信奉する者の中には、必ずしも憲法解釈上の規範でなかったとしてもより素朴に、「武器輸出をしないことはいいことだ。だから禁止することは当然だ」、という価値観を見出すことができる。やらない方がいいことをやらないのだから、その根拠は何であれ「いいこと」に違いない、という発想である。ところが、武器輸出をしないことが「いいこと」である理由については、実は詳しく説明されないのが実情なのである。武器＝人殺しの道具、武器輸出＝人殺しの道具の提供、だから武器輸出は人殺しに加担するも同然、このような感じのイメージ以上に、武器や武器輸出の位置付けについて語られることはない。ここでは、武器や武器輸出は「存在悪」なのか、「必要悪」なのか、という点について考えてみたい。

### （1）国際社会における武器輸出

**国連憲章第 51 条（自衛権）と武器の保有**

国際的に国家が武器を保有することは認められている。ここでは大量破壊兵器と通常兵器の区別が重要である。大量破壊兵器は一般的に核兵器、生物兵器、化学兵器を指すことが多い。これらの兵器は、国際条約で一般的に保有が禁止されている。

もちろん、核兵器については、核不拡散条約（NPT）上の核兵器国は、核兵器の保有が認められている、といった不平等性はあるものの、核兵器国を除いては保有は禁止されている。これに対して、大量破壊兵器を除くその他の兵器一般である**通常兵器の保有を全面的に禁止する国際条約はない**。むしろ国連憲章第51条では加盟各国の自衛権を認めている。

**自衛権と武器輸出**

通常兵器の保有を全面的に禁止する国際規範がなく、国連憲章上、自衛権が認められているという前提では、各国が大量破壊兵器など保有が禁止されている武器を除けば、武器を保有することは基本的に禁止されていないことになる。海部俊樹総理大臣は「私は通常兵器に関しては、これはそれぞれの国の独自の自衛権の問題、もちろんバランスを欠くようなたくさんの輸出輸入を認めることはいけませんから、世界の機関でそれぞれ納得できるような公開性、透明性というものを高めていきませんと、武器製造能力を持っていない第三世界とか、自国の防衛のために最小限度必要なものをすべて輸入に頼っておった国の立場というようなものなどを今一挙に直ちに全面的にゼロということにするのはかえって秩序に混乱が起こる」（1991.3.20）と指摘する。海部総理大臣は、通常兵器の保有は各国の自衛権の範囲内であれば保有が認められる。したがって、武器生産の能力を持たない国が輸入できないようにすることは、むしろ「混乱が起こる」としている。武器生産の能力を持たない国が、武器の保有を希望することは「よくない」ものとして全面的に否定されるべきものなのであろうか。少なくとも、政府はそのような立場は取っていない。

武器輸出を国際的に禁止すべきと議論するには、最低限国連憲章上の自衛権や、内政不干渉原則（国連憲章第2条）との関係につき整理する必要が出てくる。政府はむしろ、武器の保有を肯定する立場からあくまでも「過度な」保有を防ぐことが重要だと指摘するのである。

換言すれば、「適度に」保有されている限りは問題がないと言っているのである。国連憲章上の自衛権や内政不干渉原則、通常兵器の保有を全面的に制限する国際条約の不在、といった現行の国際法を前提とすれば、国際法上武器の保有が全て違法であるとすることは非常に困難であろう。武器の保有が違法でない以上、武器を購入すること（輸入すること）も違法ではない。購入が違法でない以上、武器を売却すること（輸出すること）も基本的には違法な行為とは考えられない。

したがって、**現行の国際法を前提とすれば武器輸出は原則として合法である**。政府も武器輸出は一般的に禁止されていない、という立場を取っている。政府は国際的な武器輸出の全面的な禁止には否定的な見解を表明する。

**武器輸入国の事情**

武器輸出の全面的な禁止は、輸出国の側だけでなく輸入国の側からも必ずしも賛同が得られないことを政府は示唆している。なぜ輸入国の賛同が得られないのか。田英夫議員（社会民主連合）は、通常兵器の軍縮問題に触れたところ、発展途上国の出席者から自分たちは武器を必要とする、と抗議を受けて驚いたという（1990. 9. 19）。田議員は発展途上国では国の発展を軍事力の増大と同一視する傾向があるので、「死の商人」である武器輸出国が規制することが必要だと主張する。この主張は一見すると「死の商人」の規制を求めているように見える。しかし、実は発展途上国に規制の必要性は理解できない。だから武器輸出国の側で規制をして輸入できないようにしよう、という提案であり、ある意味で発展途上国を蔑視した主張である。本当に発展途上国が自国の安全保障のために必要とする武器は何か、という視点が全く欠けており、武器製造能力のない国が、自衛のために武装することを否定するかのようである。もちろん、武器の輸入以上に優先すべき課題は多々あろうと思われるが、発展途上国であればおよそ武器輸入をしてはならないのであろうか。

自衛権と武器輸出管理の方向性

**自衛権の存在を前提に考えれば、武器を必要とすること自体を絶対的な悪だ、と決めつけることはできない**。武器をほしがることを絶対的に悪だとは言えないことになれば、あとはどのような武器の保有ならば認められるか、という議論に移行する。そうした議論では武器輸出を全面的に禁止しなければならない、という議論は展開しない。可能な限り武器の保有は少ない方がいい、と主張することと、ゼロでなければならない、と主張することとの含意は、国際法的にも国際政治上も全く異なる。

したがって、国際的には全面的な武器輸出禁止に対する支持は少ない。**国際的には、通常兵器の移転の透明性を高めることが重要であり、全面的な輸出禁止が目指されているものではない**のである。その実例として、国連軍備登録制度と、現在議論されている武器貿易条約（ATT）を見てみよう。

国連軍備登録制度

国連軍備登録制度は、1991年に日本がEU諸国（当時はEC）とも協力しつつ国連総会に提出し、圧倒的多数により採択された「軍備の透明性」に関する決議により設置された制度である。目的は当時の湾岸危機において、イラクによる過剰な武器の蓄積が、中東地域の不安定化につながったという反省も踏まえ、兵器移転を中心とする軍備の透明性・公開性を向上させ、それによって各国の信頼醸成、過度の軍備の蓄積の防止等を図ることにある。国連軍備登録制度は、武器の輸出入を登録することで透明性・公開性を向上させることを目的としており、究極的にも武器輸出の禁止を目指しているものではない。日本政府も、武器輸出禁止を目指して国連軍備登録制度の導入を提案したのではない。武器輸出管理と武器輸出禁止には大きな違いがある。

国連軍備登録制度は湾岸危機が発端となっているが、その関係について海部俊樹総理大臣は、「湾岸危機の反省に立って、その地域で自衛の限度を超えたずば抜けた武力保有国をつくらない」ことが必要だ、と指摘していた(1991.8.23)。日本政府は、当時イラクに対してソ連や中国、フランスから大量の武器輸出があった、と考えていた。しかし、日本政府は武器輸出全てが問題だと位置付けるのではない。各国が自衛のために必要な範囲内で行う武器輸入も、軍事バランスを考えればある程度までは認める必要があり、発展途上国など多くの国が、自国の安全保障上武器輸入が必要だ、と主張していると指摘していた。このように政府は、武器の全面的な取引禁止とは一線を画していた。つまり、湾岸危機の再発防止と自衛権のバランスの結果が、透明性や公開性の向上という結論であり、その方向の延長線上に武器輸出の全面的な禁止はない。国連軍備登録制度は、あくまでも無秩序な武器移転を防止して透明性や公開性の向上を目指すものである。したがって、**国連軍備登録制度は全面的な武器輸出禁止を目指すものではない**。

この点は、日本自身が武器輸入国であることからも理解できる。日本は武器輸入国であり、世界的な武器輸出禁止政策を推奨しているのではない。また、武器生産能力のない多くの発展途上国などが武器輸入を一律に禁止されることに反対することも理解できよう。彼らにとっては世界的な武器輸出全面禁止は、自国が保持している自衛権を否定されかねない問題なのである。

さらに、全面的な武器輸出の禁止は湾岸危機の再発防止という目的からはむしろ好ましくない結果を生む危険性がある。海部総理大臣は「特定の地域においてずば抜けた大量破壊兵器を持つ、いわゆる強大な力を持つ国が出ることも危険であれば、極端に弱い国が出て力の真空地帯ができてしまうこともまた危険である」と述べ、「強大な力を持つ国」だけでなく、「極端に弱い国が出て力の真空地帯ができてしまうこと」も同様に危険だ、と指摘する（1991.2.4）。つまり、過剰な武器の保有が問題であることは当然であるが、統治能力に問題が出るほどの過小な武装（典型的には非武装）も問題だと指摘する。特に後者の指摘は、現在国内での統治能力を失ったいわゆる「破綻国家」といった問題を考える際には示唆に富む指摘である。もちろん、非武装でも国際的な不安定化をもたらさないような状況であれば、全く問題はないが、非武装になれば国際的に安定する、とは言えないのが現実である。2010年にハイチで大地震があった後、武装した国連部隊がPKOとして展開したが、こうした部隊の展開があって初めて人道的支援が可能になったのである。

**武器貿易条約（ATT）**

既に検討したとおり、大量破壊兵器とは異なり通常兵器全般の取引を規制する国際条約はない。現在、国連などの場で武器貿易条約（ATT）に関する議論が盛んに行われている。武器貿易条約構想とは、通常兵器の輸出入などに関する国際的な共通基準を確立する国際約束の作成によって、通常兵器の国際的な移転管理の強化を目指すものである。これまでの議論では、国連憲章違反、国際人道法・人権法の重大な違反等が、移転基準の要素の一つとして挙げられているという。武器貿易条約もあくまでも武器輸出管理の強化であり、**武器輸出を全面的に禁止することが目的ではない**。日本政府の立場も、「各国の正当な防衛上の必要性に基づく武器の貿易に影響を与えることなく、非合法的な武器貿易を排除するために、条約の対象（スコープ）、移譲に関する国際基準及びそれを担保する措置が体系的に規定されるべきである」というものである。

武器貿易の規制に積極的に取り組んでいるアムネスティ・インターナショナル（アムネスティ）は、2006年に公表した報告で中国の武器輸出を非難している。しかしながら、アムネスティが非難したのは、中国が武器輸出をした事実そのものではなく、輸出先が人権侵害国でありながら輸出した、という点である。同時に、武器貿易自体は合法であり、主権国家の権利であると断じている。アムネスティが2010年に公表した報告では冒頭で「提案される武器貿易条約（ATT）は許可を受けないものや、無責任な国際的武器、弾薬及び関連資機材の移転を防止するように設計されるべきである」と指摘する。国際赤十字も同様の見解を示している。

国際赤十字やアムネスティが、武器貿易条約で規制しなければならないと考えている取引も、適切に許可を受けていないものや無責任な取引であり、武器貿易全般を悪と捉えているわけではない。

## （2）武器の位置付け

**武器は悪か**

（1）で検討したように、国際政治上はもちろん、国際法上も武器は必ずしも悪とは考えられていない。さらに、この半世紀余りの間で武器が全て存在悪だという観念も、国際的な広がりを見せているわけではない。国連憲章第1条第1項の目的にも、「平和の破壊の鎮圧のための有効な集団的措置をとること」がある。国連が想定していた集団安全保障に武器は不可欠であることを踏まえれば、**国連憲章は世界中の非武装を目指しているわけではない**と考えられる。むしろ、武装した諸国家の並立状態を前提とし、そのこと自体を悪だとは捉えていない。

**「死の商人」**

武器が全て存在悪だ、という前提に立てば武器輸出も全て悪だという論理の展開は容易である。しかし、武器が全て悪というわけではないとすると、どのような武器輸出が悪と考えられるのかを議論しなければならない。武器貿易条約に対する日本政府の立場である「各国の正当な防衛上の必要性に基づく武器の貿易に影響を与えることなく、非合法的な武器貿易を排除する」こととも一致する。これまでの国会での議論でも「死の商人」にはならないといった議論がしばしば行われてきたが、全ての武器が悪であるわけではないという立場からは、全ての武器輸出が「死の商人」ということにはならない。武器を輸入している日本政府が、売主である武器輸出国を「死の商人」と考えるはずはない。さらに、武器が存在悪で全ての武器輸出が「死の商人」であるという前提からは、議論の対象は武器輸出ではなく、武器生産から議論されるべきである。武器生産は認めるが、武器輸出は全て「死の商人」だから許されないという議論は、論理的な一貫性を欠いていることになる。

武器輸出イコール「死の商人」論は、必ずしも野党側からのみ提起されていたわけではない。政府内でもこうした意見は表明されていた。例えば、宮沢喜一外務大臣は、「たとえ何がしかの外貨の黒字がかせげるといたしましても、わが国は兵器の輸出をして金をかせぐほど落ちぶれてはいない」、と発言している（1976. 5. 14）。武器を輸出することが一律に「落ちぶれて」いるのであれば、武器を輸入することや生産すること、保有することが「落ちぶれて」いることにならないのか、という点が当然に問われるはずである。武器や武器輸出を絶対悪だと言いきることは、国際法上も言えない上に国際政治的にも受け入れられてはいない。

**必要な武器**

武器は存在悪や必要悪ではない。さらに踏み込むと武器が必要な場面もあり得るのではないか。自衛隊や警察、海上保安庁が武装している（武器を保有している）という現実には、武器が必要な場面があるということが前提となっている、と考えられる。こうした前提自体の是非は十分に論じる価値のあるテーマである。軍隊と警察の差異は相対的なものだと指摘する論者もいる。警察の武装が軍隊の武装よりも軽微なのは、犯罪者やゲリラなどの国内における武器の入手可能性のためであり、警察と軍隊の役割に本質的な違いがあるからではない、と指摘されている。最近では警察と軍隊の役割は相対化してきており、軍隊が治安維持や法執行に従事することも珍しいことではない。すると、どちらか一方が武装することは当然で、他方が武装することが絶対悪だ、という結論にはならない。武器輸出禁止という価値を突き詰めれば全世界的な非武装を目指すことになるが、警察でさえ武装している現実を絶対悪だと断言できるであろうか。特にアフガニスタンやハイチ、ソマリアなどのいわゆる「破綻国家」を念頭に置くときに、例えばアフガニスタンの警察が非武装で治安が維持できるだろうか、アフガニスタン国軍が非武装（つまり国軍の不在）で全土の統治は可能であろうか。ハイチで大地震があった後、国連は武装した部隊を展開したがそれはなぜか。非武装の部隊で統制を取ることは可能であったのだろうか。ソマリアも同様ではないか。内戦の勃発と凄惨さは治安の悪化に相関していることが示されており、内戦防止の処方箋として、治安回復を目的とした司法、警察、軍隊の整備が提起されているという指摘もある。つまり、一定程度の暴力装置の存在が国家を国家たらしめ、国際社会を成立させているという側面をどのように捉えるのかが問われるのである。こうした立論は、武器を存在悪とする立場からは決して容認できないものであり、そうした立場に立って武器を存在悪とする場合には何らかの代替案を提示する必要がある。

**人道的介入論の絶対的否定**

さらに、武器を存在悪とする立場に立つと、いわゆる「人道的介入」といった議論自体を否定することにもなる。武器輸出禁止論は武装部隊の派遣という形で武器輸出が生起する「人道的介入」を全面的に否定する。さらに、大規模な人権侵害が行われている場所において、抵抗を目指す人に対して武器の提供を原理的に拒否する。そのため、彼らの抵抗権自体を否定する要素を孕んでいることになる。特に、「破綻国家」や大規模な人権侵害などを想定した場合に、「武器があるから戦争になる、だから武器があってはいけない」という議論は、国内で既に武装した勢力が割拠し、大規模な人権侵害等が行われているようなケース（かつてのルワンダやカンボジアを想起したい）では何の説得力も持たない。もちろん、安易にいわゆる「人道的介入」といった形で「介入」が正当化されてはいけないことは当然である。しかし、安易に認められてはならないということと、いかなる場合でも正当化し得ないと主張することには大きな差がある。武器を存在悪と捉え、武器輸出の全面的な禁止に拘泥すると、こうした議論を展開することが原理的に不可能となってしまう。問われるのは、武器が必要な場面を全面的に否定することは可能か、という論点である。少なくとも国際社会においてそうした考え方は主流とはなっていない。

**トピック：オバマ大統領のノーベル平和賞受賞演説**

武器の保有や武力行使の必要性について考える際の参考として、米国のオバマ大統領のノーベル平和賞受賞演説での指摘をみてみよう。まずオバマ大統領は、「まずは厳しい現実を認めるところから始めなければならない」として、「依然として、我々は暴力的紛争を根絶していない。単に必要だからだけではなく、倫理的に正当化されて、国家が個別に又は協調して武力の行使をする時があるだろう」

とする。さらに、キング牧師の暴力に反対する姿勢を高く評価した上で、「しかし、国家を防衛することを誓った国家元首として、こうした例だけに導かれることはできない」とする。「世界に悪は現に存在する。非暴力的な運動はヒトラーの軍を止めることはできなかった。交渉ではアルカイダの指導者たちに武器を置かせることができなかった。軍事力が時には必要かもしれない、ということは皮肉屋の声ではない。歴史認識なのである」と軍事力の必要性を肯定する。そして現在では、「自国政府によって民間人が虐殺されることをどのように防ぎ、暴力や苦痛が地域全体を巻き込む可能性がある内戦をどのように止めるか、という困難な問題にますます直面している」と問題意識を示し、「軍事力は人道の名の下に正当化することができる、バルカン半島での事態や、戦争によって傷ついている他の場所でのように。不作為は我々の良心を引き裂き、後になって介入することでよりコストが高いものとなり得る。だからこそ、全ての責任ある国家は、明確な指示を与えられた軍隊が平和を保つ役割を果たすのだ、という役割を認識しなければならない」、と軍隊の平和に対する役割を積極的に評価している。「平和がいい、と考えるだけで平和を達成することは稀である。平和には責任が伴う。平和には犠牲を伴う」と指摘する。

オバマ大統領の指摘には賛否両論あると思われるが、少なくとも武器が必要な場面を肯定する状況が国際社会にはある、ということは言えよう。

### （３） 武器輸出禁止思想の底流

国際社会あるいは国際法で武器輸出が認められるからといって、日本は武器輸出をすべきでないという議論も多い。もはや根拠と呼べるようなものはなく、半ば感情的なものでもあるが、反駁すると「死の商人」とか「平和主義」に反すると批判を受ける。ここでは武器輸出禁止思想が持つ背景について考えてみたい。

**道義性**　日本が武器輸出三原則を掲げる国際政治的な意義として、「日本の道義的地位」といったものが強調されることがある。反対に三原則を「緩和」すれば日本のイメージが傷つくと言う。日本のイメージとは「平和国家」であり、「『死の商人』ではない」といったものである。さらに、こうしたイメージが国際社会のおける日本のリーダーシップ発揮につながるとも言われる。こうしたリーダーシップ発揮の例として、国連軍備登録制度の設立の際に日本が果たした役割が指摘されている。

しかしながら、先述のとおり全ての武器輸出が「死の商人」とは考えられないことから、こうした意義は武器輸出の全面禁止のみを支持するものでは必ずしもない。武器輸出管理と武器輸出禁止は全く異なる政策であることは、これまで何度か確認してきたとおりである。したがって、こうした主張は現在の武器輸出三原則（武器輸出を厳しく管理するものであり武器輸出を禁止するものではない）を肯定する論拠とはなりえても、武器輸出禁止を主張する論拠とはならない。

さらに、こうした議論は一見して説得的であるようにみえるものの何ら実証的に論証されていない。例えば、1970年頃まで武器を輸出していた「過去」から三木内閣の政府統一見解表明後の時代、さらに、対米武器技術供与により武器輸出三原則の例外が認められるようになった時代に、それぞれどのように日本の「イメージ」が変わったのであろうか。こうした点も検討する必要がある。「イメージ」を想像（イメージ）だけで論じてはならない。こうした議論の前提では、何より武器輸出国は「平和国家」ではない、というイメージが国際的に広がっていることが検証されなければならない。また、「死の商人ではない」からこそ国連軍備登録制度導入に役割が果たせたということであれば、武器輸出国はこうした役割が果たせなかったという点が立証されなければならない。しかし、実体上武器輸出国の賛同が得られなければこうした制度は実効性を持たないことは言うまでもない。

最後に、武器輸入国である日本は不問に付されるのであろうか。少なくとも、国連軍備登録制度の議論に日本がイニシアティブを発揮できたのであれば、武器輸入国であるという実態は不問に付されるということになる。武器輸入国は不問に付され、武器輸出国だけが糾弾される理由は何なのであろうか。

こうした実証抜きに、ただ単に武器を輸出しないことが「いいイメージ」という議論は印象論に過ぎない。

### 交渉力

武器輸出を厳しく規制することが、単に「道義的」に優れているだけでなく、日本が「リーダーシップ」を発揮することを可能にする、すなわち日本の交渉力を強化するという指摘も検証する必要がある。日本が武器輸出を禁止すれば、武器輸出に関する国際交渉でイニシアティブを発揮できる、というのはそれほど当然の帰結であろうか。もしそうであれば、核兵器を保有せず、非核三原則を有している日本は、核軍縮でもイニシアティブを発揮できるはずである。しかし、現実には核軍縮交渉は核兵器国同士（特に米露両国）で行うことが前提である。こうした見方を裏付けるかのように、2010年５月、岡田克也外務大臣が中国の核兵器の数量を削減または増やさないことを求めたことに対して、中国政府は次のように反発した。すなわち、岡田外務大臣の発言を無責任なものだとした上、中国は国家の安全保障のため引き続き最小限の核兵器を維持する。さらに、そうした核保有という事実自体が、国際的な核軍縮における中国の独自の貢献となる。そして、岡田外務大臣に対してはこうした事実を尊重することを希望するという。非核兵器国である日本側の要求を完全に否定した上に、核兵器を保有するからこそ独自の貢献ができるとまで言う。しかも、そうした事実を尊重することを望むという中国側の姿勢に、日本側が行使できた影響力はあまりにも少ない。少なくとも、非核兵器国であるが故の交渉力は全く感じることはできない。むしろ核兵器国だからこそ交渉力があるのだと中国側は主張する。これは単なる詭弁や強弁とも言い切れない。実際、核兵器だけでなく化学兵器でも同様の指摘がある。化学兵器禁止条約の締結交渉の間、米国は一時的に生産を停止してきた化学兵器の生産を再開したといわれている。その理由の一つとして、化学兵器禁止条約締結に向けた対ソ交渉力の強化が指摘されている。すなわち、交渉に消極的だったソ連を交渉に引きずり出すための手段という側面があったという。国際政治においてはつまり兵器を保有しているからこそ交渉の余地があるという側面がある。

武器輸出についても同じ側面が指摘できる。もちろん交渉力強化のために武器輸出をした方がよいという趣旨ではない。ただ、武器輸出をしなければその分だけ交渉力が強化される、ということは論理必然で言えるものではない。湾岸戦争後にイラクに武器輸出していた中国に対して武器輸出の自粛を求めたところ、言下に却下されている。岡田克也外務大臣の核兵器に関するやり取りに通じるものがある。「クリーンな立場」が説得力を増すのであればこうした議論にはならないはずである。しかも、現実に日本政府が中国政府に行ったことは「自粛を要請」しているだけであり、本来の交渉ではない。中国政府が日本政府の立場とは一線を画していることは明らかである。

### 武器輸出と道義性・交渉力の相関

日本の交渉力強化を主張する論者におけるより本質的な問題は、仮に日本が「道義的地位」があり「交渉力が強化」されていると主張することは、武器輸出国は「道義的地位」がなく交渉の当事者たり得ない、と主張していることに通じる。これら武器輸出国を交渉当事者に加えずに交渉事がそもそも成立するのであろうか。交渉とはお互いの譲歩から成り立つものであり、根本的に譲歩の余地なく最初から「放棄」している者こそが当事者ではない、という立論も同様に可能なのである。日本の立場が影響力を発揮したと言われる国連軍備登録制度も、振り返ってみればEU諸国と協力しつつ提案したものであった。EUは英仏独をはじめとして世界的な武器輸出国が中心的な構成国である。日本の交渉力を強調することは、武器輸出国でありながら国連軍備登録制度の提案に日本とともに行動したEU諸国の役割を無視することにならないだろうか。

したがって、国連軍備登録制度にEU諸国も影響力を発揮したように、武器輸出国であることと、武器輸出管理の強化を追及することは矛盾しない。武器貿易条約（ATT）も全面的な武器貿易の禁止を目指したものではない。したがって、ATTに武器輸出全面禁止の規範を持ち込むことが、必ずしも日本の交渉力や影響力として多くの国から評価されるとは限らないし、日本政府の交渉姿勢もそのようなものではない。

むしろ、武器輸出によって交渉力を強化できるという指摘もある。石破茂防衛大臣は「アメリカにしてもあるいはロシアにしても中国にしてもあるいはドイツ、フランス、イギリスにしても、いろいろな国に武器を輸出することによってこれを外交の道具として使っているというのは、これは間違いない事実。いい悪いは別の話」だと指摘している（2007.12.13）。石破防衛大臣は「いい悪いは別の話」と言うものの、武器輸出を外交上の交渉力として使うことを必ずしも否定的に捉えているわけではない。石破防衛大臣は「武器輸出をするその国が非常に国際の平和や秩序に対して良からぬ動向に出た時にはもうそれは止めてしまって、その国がそういう挙に出られないようにする」ことも理論的には可能である旨、指摘する。確かに

「いい悪いは別の話」であるものの、武器輸出の放棄がむしろ交渉力の放棄をもたらすという側面もある。

**模範性**

日本の「道義性」を主張する延長として、たとえ交渉力といった目に見える効果がなかったとしても、日本が武器輸出をしなければ、いずれ他国は日本を見習うといった主張も可能である。したがって、現時点においては効果がなくとも、長い間模範として行動し続けることが重要だと指摘することになる。こうした主張を展開することも実証的に検証する必要がある。

日本の態度が「模範」とされているかどうかを検証する一つの方法として、隣国である中国や韓国が武器輸出管理において日本を「模範」としているかどうかを確認してみたい。既に指摘したとおり、中国は湾岸戦争前のイラクに対する武器の主要供給国の一つであった。現在でも積極的に武器を輸出している。しかも、湾岸戦争当時にはサウジアラビアにもミサイルを輸出していた。これは一面では典型的な「死の商人」的輸出だったかもしれない。しかし、この事実を問い質した渡部一郎議員（公明党）に対して、中国大使は「我々はサウジアラビアに対してシルクワーム（筆者注：中国製のミサイル）をいち早く送った、だからこそ今回イラクに侵略されなかったのである、何が悪いのですか」と回答したと言う（1991.3.12）。渡部議員は「恐ろしい答弁をいただいて、私は愕然とした」と述べるが、中国大使の指摘を原理的に否定することもそれほど容易なことではない。少なくとも、当時から中国が日本の武器輸出政策も「模範」としていた形跡は全くない上、自らの武器輸出を「非道義的」と認識していることもない。

## トピック：中国の武器輸出

中国が武器輸出を積極的に進めていることはよく知られている。既に述べたように、湾岸戦争前のイラクに大量に武器を輸出していた国でもある。中国はイラン・イラク戦争中には両国に武器を輸出していたという。中国の武器輸出の特徴は、圧倒的な発展途上国への輸出である。ストックホルム国際平和研究所（SIPRI）のデータからも、武器輸出先に中東やアフリカ諸国が多く含まれていることが分かる。こうした武器輸出を通じて、中国が政治的影響力を高めていると指摘されている。安価な中国製武器は小火器を中心に多数の国に輸出されている。これらの国々の中には、内戦や地域紛争の当事国や国内で人権侵害が行われていることが疑われる国も含まれている。こうした武器輸出によって、紛争や人権侵害が助長されていないかという点が懸念されており、例えば、アムネスティはスーダンに輸出された武器が人権侵害に使われていると批判している。

### ◆ 中国の武器輸出先（2001〜2010）

アルジェリア、アルゼンチン、バングラデシュ、ベニン、ボリビア、カンボジア、チャド、コロンビア、コンゴ、エクアドル、エジプト、ガボン、ガーナ、ギニア、インドネシア、イラン、ヨルダン、ケニア、クウェート、ラオス、マレーシア、モーリタニア、メキシコ、ミャンマー、ナミビア、ネパール、ニジェール、ナイジェリア、オマーン、パキスタン、ペルー、ルワンダ、サウジアラビア、シエラレオネ、スリランカ、スーダン、タンザニア、タイ、ウガンダ、ベネズエラ、ザンビア、ジンバブエ

出典：SIPRI Arms Transfers Database

韓国や北朝鮮も武器輸出国である。北朝鮮は言うまでもなく韓国も武器輸出を積極的に推進している。日本の武器輸出管理を「模範」とする姿勢が見られないだけでなく、そうした韓国政府の政策は「道義的」に悖るという批判は、管見の限りあまり見かけることはない。

日本が模範となっているかという議論は、やはり他国が事実としてどのような行為を行っているか、ということで検証されなければならない。そもそも日本単独の政策を他国が模範とするほど日本に影響力があるのか、という点から問われるべきであろうし、他国の行動を観ている限りは、そのような影響力は残念ながら認められない。

## トピック：韓国の武器輸出

韓国も武器輸出を積極的に進めている。特に最近は武器輸出額を大幅に伸ばし、世界的な武器輸出国になることを国策としている模様である。各種報道によると、韓国の2009年の武器輸出は過去最高の11.7億ドルで、対前年比13％増であった。2002年から2006年までは2億5000万ドル程度だったものが、2007年に一気に4倍になり、2008年には初めて10億ドルに到達したという。2009年は104企業が74カ国に向けて輸出しており、2008年の80企業、59カ国と比較しても増加している。具体的な事例では、2009年にハンファが70mm多連装ロケットシステム（MLRS）を20台ヨルダンに輸出することに合意し、この当時リビアとも契約交渉をしていたと報じられている。ハンファのホームページでは、販売製品の中でMLRSを紹介している。2010年に大宇は、2013年までにインドネシアに装甲車を輸出することで合意した。李明博大統領は、2010年10月に2020年までに年間40億ドルの輸出を目指し、5万人の新たな雇用を創出し、武器輸出において世界の上位7カ国に入ることを目指すと表明している。

こうした韓国の武器輸出に対して批判的な声は聞かれない。韓国の朝鮮日報は、韓国軍が使用しなくなった武器を安値でフィリピンやバングラデシュ、カザフスタンに提供していることを報じている。その理由として朝鮮日報によれば、武器輸出や資源外交に役立てるためだとして、こうした武器輸出を肯定的に論じている。少なくとも、日本の武器輸出三原則を見習おうという姿勢は皆無と言って差し支えないであろう。

**負の道義性**

必ずしも他国が「模範」とするかどうかに関わらず、日本だけは武器輸出を禁止すべきだ、という主張もある。こうした議論においては、近隣諸国の感情や過去の歴史を踏まえるべきだ、という議論が見られることがある。この「負の道義性」とも言える主張について検討してみたい。近隣諸国の感情や過去の歴史といった要素は、日本に特有の「負」の過去であり、日本独自の政策を肯定する要素になり得る。こうした指摘は根強く脈々と語り継がれている。又市征治議員（社民党）は、武器輸出を「緩和」することが中韓両国における反日運動を高める効果がある、と指摘している（2005.4.6）。中国や韓国が、日本の武器輸出を「平和国家」でない証拠だ、と糾弾する可能性を指摘する論者もいる。しかしながら、こうした主張を展開すれば、武器輸出三原則を堅持していない（そもそもそのような政策がない）中国や韓国自身が（もちろん北朝鮮も）「平和国家」ではない、と自ら表明することになってしまう。中国や韓国が、日本の武器輸出を「平和国家」ではない証拠と「誤解」することは、自らの武器輸出政策を踏まえる限り考えられない。それはとりも直さず自国の政策を否定することに他ならないからである。

**トピック：ドイツの武器輸出**

こうした「負の道義性」を考える際には、同じく第二次世界大戦の敗戦国であるドイツがしばしば引き合いに出される。ドイツの戦後が日本とは違うといった形で称賛されることも多いが、武器輸出に対してもドイツの対応は日本とは異なる。ドイツは日本とは違い武器輸出を積極的に行っている。ストックホルム国際平和研究所（SIPRI）の報告によると、2006〜2010 年におけるドイツの武器輸出額は、2001〜2005 年からほぼ倍増し、米露両国に次ぐ世界第三位の武器輸出国に成長したという。ドイツの主要な武器輸出としては、南アフリカやマレーシアに対するフリゲート艦や、韓国への潜水艦の輸出が挙げられている。

**◆世界の武器輸出上位10カ国**（2006〜2010年）

| 国名 | シェア（%） |
|---|---|
| 米国 | 30 |
| ロシア | 23 |
| 独 | 12 |
| 仏 | 7 |
| 英 | 4 |
| オランダ | 3 |
| 中国 | 3 |
| スペイン | 3 |
| イタリア | 2 |
| スウェーデン | 2 |

出典：SIPRI年鑑2011

過去の歴史に対して近隣諸国の感情に関わらず、自ら反省すべきなので武器輸出を自制すべきだという議論も根強い。もちろん、近隣諸国の感情を踏まえたうえで、自国の過去の歴史を反省するのであろうから、こうした議論は当然並立し得る。しかし、過去の歴史を反省すると言っても、過去の日本の失敗は、武器輸出や「死の商人」であったことではない。自らが武器を使用したのである。したがって、過去の歴史の反省を踏まえて日本が「死の商人」にならない、という論理構成は奇妙である。過去の歴史を踏まえるならば、自国の武装水準をどうすべきか、という観点から議論が行われるのが当然であり、武器輸出の是非という形で論じることは本来おかしい。自国の武装を肯定する一方で武器輸出を禁止することは、自国が装備している武器を他国に配備させない政策である。こうした政策を肯定することが、自国の軍備拡大を防ぎ、過去の歴史を反省することになるのだろうか。

### 武器輸出禁止思想の正体

武器輸出禁止に「道義性」を主張する議論が根本的に問われるべき論点は、自国の武装を容認しながら、同様の武装を他国が行うことを否定する、という側面の「道義性」である。全ての武器生産国が武器輸出禁止を行えば、原理的には武器製造能力のない国の非武装を強要することができる。したがって、原理的には自国が非武装政策を追求するのでない限りは、政策としてダブルスタンダードになってしまう。つまり、自衛権をはじめとして自国の武装を容認しながら、武器輸出だけを禁止する政策とは、「武器が必要な場面もある」と自国自身が思っているにも関わらず、他国には武装させない政策と言える。こうした要素を武器輸出の全面禁止思想は政治的に内包している。発展途上国（武器の輸入国）が武器輸出の制限に反対することも、こうした観点からは理解できることである。日本の武器輸出が周辺諸国の警戒感を招くという議論でも、本当に周辺諸国は日本の武器輸出に対して警戒感を持つようになるのか、が検証される必要がある。周辺諸国の中には日本の武器を購入したい、と考えている国があるかもしれない（なお、「周辺諸国」とは中国と韓国だけが対象で東南アジア諸国は「周辺諸国」ではない、という立論も論理的には可能である）。最近でもインドネシアへの巡視艇供与に見られるように、日本の武器を導入したいと東南アジア諸国が考えたときに、一義的に拒否をすることが果たして「道義的」であるのかどうか、が問われることになる。

しかしながら、こうした議論は過去の国会では極めて低調であり、こうした側面を国会が真剣に議論した形跡は見られない。およそ全ての武器輸出が「道義性」に欠けるとは言えず、武器輸出の「道義性」が問われるべきは、輸入国において自衛権の行使に必要とされる武装かどうかを判断しない場合である。徒に紛争を助長するような武器輸出を慎むべきであり、はじめてその「道義性」が問われるものになる。それは武器輸出三原則の目的である国際紛争の助長を防ぐこととも一致する。

武器輸出全面禁止思想は一見すると人道的であり、普遍的な平和を追求するものに見える。しかし、その実像は他国の実情を考慮の対象にすら入れていないもので、極めて一国主義的なものである。その背景には、他国の自衛権そのものを否定しかねない他国に対する徹底的な不信感が横たわっている。他国の事情を一切考慮せず、一方的に武器輸出を認めない姿勢は、「日本版ユニラテラリズム」とも称することができる側面も有しているのである。

**トピック：「日本は武器輸出をしたことがない」《神話14》という神話**

武器輸出三原則をめぐる「神話」の一つとして、「戦後の日本はこれまで一度も武器輸出をしてこなかった。その歴史に泥を塗るのか」というものがある。武器輸出が「泥」なのか、という議論も必要であると思われるが、そもそもこの議論は入口が誤りである。「日本は武器輸出をしていた」のである。武器輸出禁止を主張することは全くの自由であるが、誤った事実を歴史的事実であるかのように吹聴するのはデマか煽動である。しかもこうした誤認を国会議員が主張している。例えば、首藤信彦議員（民主党）は、日本が「武器輸出をしたことがない」(2003.3.27）と発言しており、犬塚直史議員（民主党）も、「今まで60年以上にわたって、日本は歯を食いしばって武器を輸出してこなかった」(2007.12.27）と発言している。

いずれの発言も国会議事録に掲載されているものであり、こうした事実誤認に基づく議論は、いかに真摯なものであれ適切なものとは言えない。

日本の武器輸出については次の三点を指摘しておきたい。

戦後の日本の武器生産はどのような形で始まったのか。歴史をひも解けば明白な事柄であるが、これまであいまいにされてきた。日本経済の復興は朝鮮戦争の際の特需、いわゆる朝鮮特需から始まった。その特需の中には当然武器生産が含まれていた。米国は日本を占領後、武器の生産を禁止してきたが、北朝鮮の侵略を受けて始まった朝鮮戦争を機に日本の武器生産を認める。その上で進駐軍(米軍)向けの武器生産という形で日本の防衛産業は日本経済とともに再興されていくのである。つまり、① 日本の武器生産は当初は自衛隊向けではなく、外需(具体的には進駐軍である米軍)向けの生産から始まった。内需(当時は警察予備隊、のちの自衛隊)は全くなかったところから出発しているため、当時の政府も防衛産業を「輸出産業」と位置付けていたほどである。なお、外為法上、厳密には進駐軍向けの出荷は輸出にはならない。なぜならば外為法上の輸出とは日本国外に出すことを指すので、国内納入で済んでしまう進駐軍向けの輸出は「武器輸出」には当たらないという議論も(あまりにも形式的だと思うが)、論理的には可能である。

その後、② 1960年代後半にかけてそれほど件数は多くないものの武器輸出を行っている。進駐軍向け以外の武器輸出としては、1953年にタイ向けに砲弾を輸出したことが最初のようである。その後、台湾やミャンマーなどに砲弾を輸出している。1960年代に入ると米国などへの拳銃の輸出が中心となる。輸出額は1965年で3億1500万円だったが、1969年には400万円にまで落ちていく。佐藤栄作総理大臣の武器輸出三原則表明が1967年、三木内閣の政府統一見解が1976年であることを踏まえれば、政府統一見解表明以前に武器輸出は実態としてほとんど行われていなかった。しかし同時に、外為法の下で許可を取得して輸出していた時代があったことを確認しておきたい。

最後は言うまでもないが、③ 武器輸出三原則の例外対象となった事象における武器輸出である。さらに、例外化対象となっていない輸出であっても、「慎む」に当たらない輸出として許可されている事例がある。

いずれにせよ、「日本は武器輸出をしたことがない」という主張は「神話」である。日本は武器輸出をしていた。そうした過去を批判的に検討することは必要かもしれない。しかし、ありもしないことを「歴史的事実」であるかのように主張する論者は、煽動かデマゴーグに過ぎない。この点は改めて強調しておきたい。

# ◇第 7 章◇ 自動車の輸出でも軍隊が利用すれば武器輸出三原則が適用される

## ——軍事用途への誤解

### 《神話 15》世の中の役に立つものが「武器」であることはおかしい

武器輸出は禁止すべきだという思想は、輸出可能なもの、または輸出すべきものが武器に分類されるのはおかしい、という逆転した「神話」も生み出す。つまり武器＝役に立たないもの、だから輸出すべきでない、という議論の裏返しで、役に立つもの＝武器であることはおかしいという論法である。武器の範囲を考える際に「役に立つか」という点をどのように考えるべきかについて検討してみたい。

#### （1）武器の範囲

ヘルメット・防弾チョッキ

武器の範囲を問題視する議論の一つは、ヘルメットや防弾チョッキのように、直接人を殺傷しないものや自己防護のためのものが、武器として扱われることを問題視する。こうした議論を一般化したものに、武器として扱うのは、「攻撃的な」ものに限定すべきではないかという議論がある。「攻撃的な」武器に限定すれば、上記のヘルメットや防弾チョッキなどが武器として扱われることはなくなるという。

対人地雷除去機材

「防御的」な武器の一つの例として、対人地雷除去機材について考えてみたい。対人地雷探知除去活動に関連する資機材は、1997 年に武器輸出三原則の例外化の対象となっていた。2002 年には、対人地雷のみを処理する車両や地雷探知機については、その仕様等からみて「軍隊が使用し直接戦闘の用に供されるもの」、という武器輸出三原則上の武器の定義にあたらないとされた。さらには輸出に際し許可が必要な武器（外為法上の武器）からも外された（武器輸出三原則上の武器及び外為法上の武器については→第２編第２章（２）「武器輸出三原則上の武器」外為法上の武器と武器輸出三原則上の武器参照）。1997 年の時点で対人地雷除去機材は武器であった。しかし、2002 年以降は対人地雷除去機材は武器ではない。外為法上は、三原則の例外化の対象となること以上に、武器ではないと扱われることは重大な差異をもたらす。武器ではない以上、三原則の適用対象とはなり得ないからである。1997 年の対人地雷除去活動に関する武器輸出三原則の例外化は、新聞紙上をはじめ耳目を集めたが、2002 年の措置に関してはあまり知られていない。

2002 年当時の議論を振り返ると、対人地雷除去機材が武器輸出三原則によって輸出できなかったと国会で批判を受けていた。まずこうした批判は、三原則が武器輸出禁止の規範であるという「神話」に基づいている。さらに 2002 年当時、対人地雷除去機材は既に三原則の例外とされていたことから、対人地雷除去機材が三原則の適用対象となる可能性は全くなかった、したがって、こうした批判は全くの的外れである。「神話」に基づく武器輸出三原則の誤った理解が招いた批判の典型が、対人地雷除去機材をめぐる議論であった。

2002 年当時、国会では武器輸出三原則によって対人地雷除去という人道支援に支障をきたすと批判された。武器であるからといって輸出できないものではないことは、これまでも繰り返し述べてきたとおりである。しかし、この当時、輸出できるようにするためには武器という扱いではよくない、という逆転した議論が行われていた。見方を変えれば、三原則の例外化という状態では、対人地雷除去機材の輸出によって日本が武器を輸出していることになってしまう。そこで日本からは武器を輸出していないことにしておくために、対人地雷除去機材は武器ではないことにしたとも言える。

**武器だったら研究開発は自粛？**

対人地雷除去機材が武器であるならば、対人地雷除去機材の研究開発は武器の研究開発であるから自粛すべき、という議論はあったのであろうか。結論から先に言えば全くなかった。対人地雷除去機材の研究開発は進められ、しかも、文部科学省が率先して行っていた。つまり、文部科学省が武器技術の研究開発に従事していたことになる。このことは武器というものの意味合いが、「単なる殺傷道具」以上の広がりを持っていることを示している。対人地雷除去機材をめぐる議論が持つ到達点の一つは、武器には役に立つものもある、さらに敷衍すれば、（輸出も含め）世の中に広めた方がいい武器の存在を肯定することになるか、あるいは対人地雷除去機材のような「役に立つ」ものが武器であることがおかしい、ということになる。人道的な観点から、大学における研究成果を活用すべく対人地雷除去機材の研究開発が進められていた。このことは大学の研究成果の中には武器に応用可能な技術があるだけでなく、「人道的な観点」からむしろ文部科学省が積極的に研究開発を進めていたことも物語っている。実際、最近でも、文部科学省は安心・安全科学技術として対人地雷に限らず、広く爆発物検知や放射性物質や生物剤・化学剤の検知技術などの研究開発を積極的に推進しており、こうした研究開発も同様の議論が可能であろう。

**対人地雷除去機材の軍事利用**

対人地雷除去機材をめぐる議論から浮かび上がる構図の一つは、「役に立つ」ものは「武器」ではないはず、という素朴な議論である。特に「役に立つ」に「人道的」が加わるとより強力な議論に見える。しかし、

1997年に対人地雷除去機材が武器輸出三原則の例外とされた際の議論において、政府は地雷除去機材といえども軍事的に利用される可能性がある、と認識していた。地雷除去機材が軍事的に利用される可能性とはどのようなことを指しているのだろうか。最も分かりやすい例は、北朝鮮に対人地雷除去機材を「人道支援」することの意義であろう。北朝鮮から「朝鮮戦争中に米軍によって埋設された地雷を除去するために『人道支援』してほしい」、という話が持ち込まれたとしたらどのように考えるべきであろうか。日本でも未だに不発弾が見つかることから、実際にそうした地雷が見つかるという可能性は否定できない。しかし、韓国が対人地雷禁止条約に加入していないことは広く知られている。韓国が対人地雷問題に関心が低いわけではない。韓国は自国の防衛、すなわち、北朝鮮からの侵攻を抑止するために依然として対人地雷が必要だと考えているからである。そうした状況にある中で北朝鮮に、「人道支援」と称して対人地雷除去機材を日本から大々的に輸出することが、「武器輸出三原則の精神、これは平和国家としての我が国の立場から、武器輸出によって国際紛争を助長することを回避する、こういうことでございますので、そうであれば、地雷探知機や探知技術を輸出することは、平和国家としての我が国の立場から大いに必要があると私は思います」(島聡議員(新進党)1997.4.22)という主張はナイーブに過ぎるのではないだろうか。

**「役に立つ」ことと武器**

結局、対人地雷除去機材も使われ方次第で「国際紛争等を助長する」可能性もある。武器は存在悪だと言えないことと同様に、対人地雷除去機材も「役に立つ」だけの存在ではないのである。そうした危険性があったからこそ、武器として厳格な輸出管理が実施されていたのである。

このように、「役に立つ」とか「人道的」であるかどうかは武器であるかどうかを判断する決定的要素にはならない。後述のように外為法と武器輸出三原則には、それぞれ武器の定義（または範囲）が定められている（→第２編第２章（２）「武器輸出三原則上の武器」外為法上の武器と武器輸出三原則上の武器参照）。対人地雷除去機材でも、これらの定義に当てはまるかどうかを確認することによって、武器であるかどうかが判断されるものであり、そこに本来「人道的」といった要素は入り込む余地はない。こうした枠組みがあるにもかかわらず、恣意的に武器の範囲を変更することは、法的安定性を損なう上に、恣意が入り込む要因ともなることから避けるべきことである。

**防御的な武器**

対人地雷除去機材の議論を踏まえて、武器の範囲を「攻撃的」なものと「防御的」なものに分類することを考えてみたい。まず、どこまでの武器が「攻撃的」なものなのかという点が曖昧である。先の例を敷衍すれば、北朝鮮が韓国侵攻に対人地雷除去機材を利用した場合に、対人地雷除去機材は「防御的」なのであろうか「攻撃的」なのであろうか。佐藤栄作総理大臣は「日本の武器は、（中略）他国を脅威するような武器ではございません。これはどこまでも防衛産業、いわゆる防衛的な立場から製造するものでございます。でありますから、日本の武器そのものは、外国へ行きましても、日本で攻撃的な機能を持たないのですから、外国へ行っても、やはり攻撃的な機能は持たないのです」と答弁している。なお、まさにこの日、佐藤総理大臣が武器輸出三原則を表明した（1967.4.21）。佐藤総理大臣の整理に従えば日本が生産・保有している武器は全て「防御的」ということになり、全く歯止めがないことになる。実際、その５日後に佐藤総理大臣は「非常に通俗的」としつつも、「自衛のために使っているものは、これはもう防御的な武器だ」と述べている（1967.4.26）。さらに「攻撃的」な兵器については続けて、「積極的に他に攻撃を加える場合には、これは非常な弱い武器にいたしましても相手方に攻撃的な脅威を与えるということになると思います。したがいまして、まず第一は心がけの問題で、いまの憲法に忠実であるかどうか、この忠実であるかどうかがまず第一の、まあ尺度ではございませんが、兵器ではなくて、兵器を使う側において憲法の条章を完全に守る、これを忠実に守る、これが必要だと思います。これでない限りにおいては、どんな武器だろうが、いつも攻撃的なものになるんじゃないだろうか」と指摘する。佐藤総理大臣は「心がけの問題」と言うが、「兵器を使う側」によって「どんな武器だろうが、いつも攻撃的なものになるんじゃないだろうか」、と指摘している。要するに使われ方次第であるということである。武器そのものの性質から「攻撃的」・「防御的」と分類することは容易ではない。

**武器輸出管理の要**

一般論として、輸出管理とは「皆で同水準」の管理をすることが理想である。日本だけが単独で特別厳しい規制を課しても、他国から入手可能であれば、そうした規制に効果は上がらず、日本の輸出者だけが厳しい制約下で不利な立場に置かれることになる。こうした輸出管理の基本は、武器輸出管理においても変わらない。もちろん、日本が単独で厳しい輸出管理を実施することは政策的には可能である（もちろん憲法や外為法が許す範囲内においてであるが）。しかし、実効性に限界があることは当然の前提である。実効性がないからこそ、「道義性」を強調するのであれば論理的には一貫しているが、実効性がないことは認めた上で議論すべきである。

日本の法制度でも、外為法上、輸出許可が必要とされている貨物は、日本が単独で実施しているのではなく、武器も含め国際的に調和が取れたものとなっている。具体的には、外為法に基づく輸出管理制度において、輸出に許可が必要な武器が規定されている輸出貿易管理令別表第1の1の項には、国際的な輸出管理の枠組み（国際輸出管理レジーム）であるワッセナー・アレンジメントの合意に従って武器とされるものが規定されている（法制度について→第2編第1章参照）。ワッセナー・アレンジメントでは、mines として地雷が規制対象とされ、さらに、地雷を除去する装置（sweeping）も規制対象とされている。対人地雷除去機材だけが明示的に除外されていない。ただし、ワッセナー・アレンジメントでは、その中でも軍事用途(military use)に設計されたものだけが対象となると規定されている。したがって、本来は軍用設計性を確認した上で、武器として規制対象となるかどうかを判断すべきである。対人地雷除去機材だから自動的に武器ではないという規制ではない。もちろん、ワッセナー・アレンジメントは国際条約ではなく紳士協定であり、ワッセナー・アレンジメントの合意通りに履行する国際法上の義務はない。しかしながら、ワッセナー・アレンジメントでは、対人地雷除去機材が武器から除外されていない以上、少なくとも対人地雷除去機材に関しては、日本は国際水準よりも輸出管理が甘いことになる。そのため、対人地雷除去機材に関しては「世界一厳しい武器輸出管理」という自己評価は疑問である。ここで考えるべきことは、対人地雷除去機材が武器であることが問題なのか、武器であることで自動的に輸出できないことが問題なのか、という点である。諸外国、特にワッセナー・アレンジメント参加諸国では、対人地雷除去機材が武器として輸出管理の対象となっていても、人道的な対人地雷除去活動に支障をきたさない。その理由は、これらの国では、軍用設計性を確認した上で武器に当たるかを判断し、さらに、武器に該当するものであったとしても武器輸出が一律に禁止されるとは考えられていないからであろう。

有益性と危険性の二面性

対人地雷除去機材の輸出をめぐる議論から明らかなことは、本来**国際的に調和のとれた輸出管理**をするという観点や、**法的安定性**という観点から安易に武器の範囲を変更すべきでないにもかかわらず、「武器輸出」とされることを防止するために武器の範囲を変更し、対人地雷除去機材の輸出を可能にしようという議論だったと言える。

他方で、武器だけを管理していれば十分だというものでもない。国際輸出管理レジームでも、武器だけでなく汎用品も管理対象となっている（汎用品とは武器に転用可能な民生品のことである。詳しくは→第2編第2章（1）「武器と汎用品」参照）。外為法で輸出許可が必要になるものの多くは汎用品である。これら武器や汎用品を一体として管理する必要がある。汎用品を視野に入れると自明であるが、輸出管理が必要なのであって、輸出禁止が必要なのではない。その際、既に見てきたように、「役に立つ」と同時に「危険」なものがあるので、ものの性質や仕様だけでなく、用途や輸出先（需要者）までを含めて管理することが重要であることが分かる。確かに武器はその使途から「危険」なものであるが、同時に自らを守る（自衛）「役に立つ」ものでもある。こうした両面性は日本自身が武装していることからも明らかであり、非武装主義をとらないのであれば、武器の「役に立つ」側面も認めていることになる。したがって、軍事用途であれば全ての輸出は「危険」な側面しかなく、「役に立つ」側面はないと簡単に割り切ることはできない。

## （2）武器輸出三原則の適用範囲

武器輸出三原則

（1）では有益性と危険性の二面性を考えれば、武器だけでなく武器に転用可能な民生品（汎用品）にも輸出管理が必要であることを指摘した。そうであれば、汎用品にも武器輸出三原則を適用すべきだという主張がある。この点について確認しておこう。例えば、たとえ自動車の輸出であっても軍隊が利用するのであれば、三原則が適用されるといったものである。

まず、明らかにしておきたいことは、武器輸出三原則の適用範囲は「武器」輸出だということである。これは「武器」輸出三原則という名称からも、その内容からも文理上自明である。まず、汎用品は武器ではない（この点について→第２編第２章（１）「武器と汎用品」参照）ので、武器ではない汎用品に三原則が適用されることは原理的にあり得ない。したがって、軍隊が利用する自動車の輸出にも三原則が適用される「べき」だ、という主張は、あくまでも「べき」論であって、現実の三原則の運用ではない。したがって、**「自動車の輸出であっても軍隊が利用するのであれば武器輸出三原則が適用される」**《神話 16》**、という主張は「神話」である**。汎用品に三原則を適用すべきだ、という主張が、三原則の「擁護」ではないことは言うまでもない。適用対象の変更を主張するものであり、典型的な三原則「見直し」の議論である。しかも、もはや「武器」輸出三原則とは呼べないくらいの大きな変更である。

汎用品への拡大

もっとも、武器輸出管理をめぐっては「武器」の輸出だけを規制すれば足りるのか、という問題がある。武器輸出三原則の目的は、国際紛争等の助長防止であったが、武器輸出だけを規制（あるいは禁止）すれば国際紛争を助長するという心配はないのであろうか。確かに、汎用品も輸出許可の対象となっているが、その管理の程度は武器が三原則によって厳格に管理されていることと比べれば、三原則が適用されない汎用品の輸出管理は武器より緩やかである（具体的には許可を取得しやすい）。そこで、武器にも利用される汎用品も、武器並みに管理を厳しくすべきではないか、という政策論は十分に可能であり、その点につき検討してみよう。

軍隊が利用するもの＝武器？

軍隊が利用するものは一律に武器輸出三原則を適用して輸出を禁止すべきだ、という主張は根強い。もちろん、政策的な「べき」論なので一概に「神話」とは言えないが、三原則が適用されるという理論構成は明らかに「神話」である。例えば、井上普方議員（社会党）は軍隊が使うコンピュータの輸出を禁止すべきだと主張している（1985.12.6）。**「軍事用途であれば輸出を禁止するのが武器輸出三原則である」**《神話 17》**（あるいは武器輸出三原則の「精神」と称する）という「神話」もみられる**。武器ではない汎用品は、三原則の対象外であるので、この指摘はもちろん妥当しない。ただ、武器に利用される（またはされ得る）汎用品を武器並みに厳しく管理すべきか、という論点は十分に検討に値する論点である。

武器に利用される汎用品の輸出管理を、武器並みに厳しくすべきだという意見の中には、武器輸出三原則が適用される「武器」の範囲を拡大しようという主張もある。軍事用途に利用するのであれば、それは全て「武器」だという主張である。こうした主張が現在の三原則の運用でないことは、これまでの検討からも明らかであり、新たな武器輸出管理政策を提示しているものである。しかし、だからといって、自動的にその妥当性が否定されるものではなく、その妥当性については別途検討する余地がある。こうした議論は、本来武器輸出管理のあり方から問われるべき論点である。経済活動や学問の自由といった基本的人権との調和等を踏まえつつ立法措置を検討すべきであり、武器の範囲の広狭によって調整されるべき論点ではない。何より、安易な定義の変更は法的安定性を害するものであり、法改正や新規立法が考えられるべきである。法改正や新規立法に当たっては、そうした措置が妥当なのか、可能なのか、といったことが厳しく検討されるべきである。

なお、井上普方議員と同時期に、社会党は軍隊が利用するからといって厳しい輸出管理をすべきではない、という意見も主張していた。佐藤観樹議員（社会党）は「武器の問題は別として、汎用品に至ってはなかなか範囲が確定できない。例えば、この前問題になっておりましたけれども、北朝鮮、朝鮮民主主義人民共和国にトラックを送って、それを軍隊が使うということになるとこれもいけないのか」と主張していた。北朝鮮軍が使用するものであっても「これもいけないのか」（1987.8.19）と問うており、そのくらいは問題がないという主張であろう。先述のコンピュータに関する指摘と全く正反対の立論であり、当時の社会党の政策に一貫性があったのか、という疑問を呈する余地は十分にある。北朝鮮のような友好的な国に対しては、好意的な対応をしていたのではないかとの疑念は残る。これが、米軍向けのトラックの場合でも、同様の指摘を社会党は行えたのかは疑問である。

**武器輸出三原則「拡大」の是非**

武器輸出三原則を武器に利用される汎用品にも拡大すべきという議論と、武器輸出三原則が適用される武器の範囲を拡大すべきという議論は本質的には同じ内容である。ただ、いずれの場合も外為法第1条や、第47条に言う「必要最小限」の管理であるかどうかにつき、厳しく検討されなければならない。憲法上も外為法上も三原則の「拡大」を要請する規範はない。他方で輸出の自由をはじめとした基本的人権は、三原則を「制約」する方向で働く。さらに、国際条約上も国際政治上もこうした要請はない。したがって、こうした三原則の「拡大」を正当化する根拠は乏しいと言わざるを得ない。既に武器輸出三原則で憲法や外為法の原則から「例外」扱いを認めているが、こうした「例外」扱いの拡大には慎重であるべきであろう。

# 第２編

# 武器輸出三原則の実像

## 【本編のねらい】

第１編では、これまで世間で語られてきた武器輸出三原則（三原則）が「神話」であることを明らかにしてきた。そこで本編では三原則の実像についてみていきたい。三原則は外為法の運用方針である。外為法において武器輸出は許可制になっている。外為法に基づき武器輸出許可申請があった際の許可基準となるものが三原則である。したがって、外為法の枠内でのみその存在が許されるものである。外為法の背景には憲法の輸出の自由の原理がある。原則禁輸の三原則は原則自由の外為法から見れば例外的な措置であり、自ずとその運用には限界がある。これまで三原則の「解釈」や「見直し」一つで、全面的な武器禁輸から武器輸出の全面的「解禁」まで何でも可能であるかのように語られてきた。しかし、こうした議論は、外為法の運用方針にすぎないという三原則の本質を忘れた議論である。また、三原則は政府が表明した政策である以上、政府がどのような位置付けを与えているかを理解することが、三原則を理解するためには欠かせない。外為法の運用方針という実像を把握し、政府がどのような形で武器輸出三原則を運用してきたのかを紹介する。

具体的には武器と汎用品の区別、外為法上の武器と武器輸出三原則上の武器の区別、外為法上の輸出と武器輸出三原則上の輸出、といった整理を通じて三原則は運用されている。非常に細かい議論であるがそれこそが実像であり、こうした理解なくして三原則の理解はない。さらに三原則を適用しない武器輸出三原則の例外化の考え方を整理する。

本編を通じて日本の武器輸出管理の全体像が把握できるであろう。

# ◇第１章◇ 武器輸出三原則の位置付け

## （1）武器輸出の法規則

**外為法**

武器輸出三原則（三原則）の実像は、どのようなものであろうか。そのことを議論する前提として、日本の武器輸出を規制する日本の法体系を確認することからはじめたい。

日本では武器の輸出は外国為替及び外国貿易法（外為法）で規制されている。外為法第48条第1項では、輸出許可対象を政令で定めるとしている。同条を受けて政令（輸出貿易管理令第1条及び別表第1）では武器や武器に利用することができる民生品を、輸出許可対象として規定している。別表第1の1の項では「(1) 銃砲若しくはこれに用いる銃砲弾」をはじめとして、以下(16)まで輸出許可の対象となる武器が列挙されている。２の項以下は、原子力関係、生物・化学兵器関係、ミサイル関係、通常兵器関係に用いることができる民生品が列挙されている。したがって、輸出貿易管理令別表第1の1の項に当てはまるものが輸出許可の対象となる武器である(外為法上の武器)。輸出貿易管理令別表第1に列挙されている武器や、武器に利用することができる民生品は、日本も参加している国際輸出管理レジームと呼ばれる国際的な紳士協定に基づく枠組みで検討し、合意されたものが規定されている。１の項は国際輸出管理レジームの一つであるワッセナー・アレンジメントにおいて、規制に合意されたものを中心に規定している（この他に、論理的には核兵器などの大量破壊兵器も１の項で規制されていると考えられる)。

◆ 外為法(抄)

**第 48 条**　国際的な平和及び安全の維持を妨げることとなると認められるものとして政令で定める特定の地域を仕向地とする特定の種類の貨物の輸出をしようとする者は、政令で定めるところにより、経済産業大臣の許可を受けなければならない。

◆ 輸出貿易管理令(抄)

**第 1 条**　外国為替及び外国貿易法第 48 条第 1 項に規定する政令で定める特定の地域を仕向地とする特定の種類の貨物の輸出は、別表第 1 中欄に掲げる貨物の同表下欄に掲げる地域を仕向地とする輸出とする。

| 別表第 1 | |
|---|---|
| 1 | (1)銃砲若しくはこれに用いる銃砲弾（発光又は発煙のために用いるものを含む。）若しくはこれらの附属品又はこれらの部分品<br>(2)爆発物（銃砲弾を除く。）若しくはこれを投下し、若しくは発射する装置若しくはこれらの附属品又はこれらの部分品<br>(3)火薬類（爆発物を除く。）又は軍用燃料<br>(4)火薬又は爆薬の安定剤<br>(5)指向性エネルギー兵器又はその部分品<br>(6)運動エネルギー兵器（銃砲を除く。）若しくはその発射体又はこれらの部分品<br>(7)軍用車両若しくはその附属品若しくは軍用仮設橋又はこれらの部分品<br>(8)軍用船舶若しくはその船体若しくは附属品又はこれらの部分品<br>(9)軍用航空機若しくはその附属品又はこれらの部分品<br>(10)防潜網若しくは魚雷防御網又は磁気機雷掃海用の浮揚性電らん |

| | |
|---|---|
| | (11)装甲板、軍用ヘルメット若しくは防弾衣又はこれらの部分品<br>(12)軍用探照灯又はその制御装置<br>(13)軍用の細菌製剤、化学製剤若しくは放射性製剤又はこれらの散布、防護、浄化、探知若しくは識別のための装置若しくはその部分品<br>(13の２)軍用の細菌製剤、化学製剤又は放射性製剤の浄化のために特に配合した化学物質の混合物<br>(14)軍用の化学製剤の探知若しくは識別のための生体高分子若しくはその製造に用いる細胞株又は軍用の化学製剤の浄化若しくは分解のための生体触媒若しくはその製造に必要な遺伝情報を含んでいるベクター、ウイルス若しくは細胞株<br>(15)軍用火薬類の製造設備若しくは試験装置又はこれらの部分品<br>(16)兵器の製造用に特に設計した装置若しくは試験装置又はこれらの部分品若しくは附属品 |
| ２～16 | (略) |

外為法の規定からも明らかなように、外為法や輸出貿易管理令に武器の輸出は禁止される、または自粛すべきだといった規範は定められていない。武器（輸出貿易管理令別表第１の１の項に列挙されたもの）は外為法第48条に基づき、許可を取得しなければ輸出してはならないのである。換言すれば**許可を取得すれば武器は輸出できる**。法制度上、武器（同別表第１の１の項に列挙されたもの）とそれ以外（同別表第１の２～16の項に列挙されたもの）の違いは、許可の取得しやすさである。一方は輸出が禁止されて他方が自由などということはない。許可の取得しやすさという点に登場するのが武器輸出三原則である。

なお、武器技術の提供は外為法第25条で規定されており、基本的には外為法第48条と同じ構造になっている。輸出貿易管理令に相当する政令として外国為替令がある。もちろん武器技術の提供も許可対象であって禁止されているものではない。

**日本の武器輸出管理**

日本において武器輸出に関する法規制は次のようになる。まず、外為法第48条第1項を受けて輸出貿易管理令第1条及び別表第1の1の項で輸出許可対象となる「武器」が列挙されている（外為法上の武器）。武器輸出三原則は武器輸出を許可すべきかどうかの判断基準として利用される。具体的には、紛争当事国など武器輸出三原則対象地域向けの輸出は「認めない」。それ以外は武器の輸出を「慎む」ことにより、**原則として武器の輸出は許可をしない**こととなった。「慎む」必要がなければ武器輸出は許可されることになるが、どのような場合に「慎む」に当たらないのかについては後述する（→第2編第2章（3）「武器輸出三原則上の『輸出』」参照）。

武器輸出三原則は上位規範である**外為法、輸出貿易管理令・外国為替令の運用方針**として利用されるものである。

**◆図：武器輸出三原則の法的位置付け**

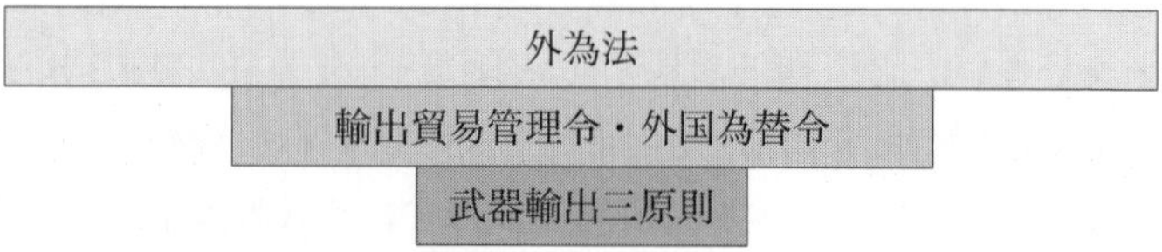


出典：筆者作成

（2）政府見解の整理が必要な理由を考える――議論の交通整理

（1）でまとめた内容が、武器輸出を規制する法体系と、その中での武器輸出三原則の位置付けである。明らかなように、三原則は（佐藤総理大臣の表明した三原則も三木内閣の政府統一見解も）政府が表明した外為法の運用方針と位置付けられている。したがって、三原則を議論するための前提は次のようになる。

**ポイント ◆ 武器輸出三原則を議論する前提**

・ 外為法による輸出管理の全体像を把握すること
・ 外為法体系に位置付けられている武器輸出三原則を把握すること
・ **武器輸出三原則自体は政府が表明した方針であるので、その内容は基本的に政府が表明したものを基にして議論する必要があること**

最後の部分は非常に重要である。政府が表明した政策の是非を論ずるためには、何よりもその政策自体を理解しなければならない。第１編で多数指摘してきた「神話」は、政府の政策を不正確に理解（曲解）してきたためであると考えられる。「神話」によって武器輸出三原則の理解が妨げられる限り、三原則を正当に議論することはできない。

武器輸出三原則を正確に理解することが、三原則を議論する前提である。そのためには、過去の政府の見解を検証する必要がある。独自の解釈を施す前提が政府の見解なのである。さらに、こうした政府の見解（公式見解）が表明される最も公式の場は国会である。だからこそ、過去の国会における議論を整理することが武器輸出三原則を理解する上で、最も基本的なアプローチとなる。

# ◇第 2 章◇ 武器輸出三原則が適用される場面とは

## ——様々な具体的場面

第 1 章で述べた位置付けを踏まえて、具体的に武器輸出三原則はどのように適用されているのか。ここでも、政府がどのように適用しているのかという点に焦点を当てて検討してみよう。「そんなはずはない」とか「それはおかしい」と議論することは重要であるが、三原則を議論しようとする以上、現状を把握せずに議論することはできない。三原則の運用に対する誤った認識に基づく議論は、三原則の「擁護」であれ「見直し」であれ机上の空論とのそしりを免れない。また、ありもしない原則を「武器輸出三原則」と称してその是非を論ずることは無意味である。単に「武器輸出三原則」と僭称して独自の武器輸出管理政策を論じているに過ぎない。

### （1）武器と汎用品——武器輸出管理の入口

**武器と汎用品**

武器輸出三原則の適用対象は、言うまでもなく武器である。そこでまず、武器と汎用品の区別からはじめたい。外為法上の武器は、輸出貿易管理令別表第 1 の 1 の項に列挙されていた。完成品が武器であることは当然であるが、それぞれの部品は武器であろうか。1 の項では多くの品目で「部分品」も規制対象として列挙されている。それでは同項に列挙されている品目にも使えれば、他の民生品にも使われているようなパーツや材料の場合、それは武器というのであろうか。このような民生用途にも、軍事用途にも利用可能なものを汎用品という。例えば、炭素繊維であればテニスラケットやゴルフクラブに用いられているが、他方でロケット（ミサイル）の構造材などにも利用される。つまり、炭素繊維そのものは武器ではないが、軍事用途、すなわち、武器の一部として利用することも可能である。こうした炭素繊維のようなものが汎用品である。「汎用」とは英語の“dual-use”を訳したものであり、文字通りの意味は「(軍事用途と民生用途と) 両方に使える」という意味である。そのため、「(軍民) 両用品」という言い方や、英語そのままで「デュアル・ユース（品)」という言い方がされる場合もあるが、いずれも意味は同じである。こうした汎用品は外為法上武器ではない。逆にいえば、外為法において武器とは武器としての用途しかないものである（より厳密には武器として利用することを意図して設計・開発したものである)。これを（軍事）専用品ともいう。したがって、先ほどの例で言えば、単なる原料としての炭素繊維は汎用品であるが、ミサイル専用の部分品として加工されたものであれば武器（の一部）となる。

**汎用品はたとえ最終用途が武器であったとしても武器輸出三原則が適用されることはない**。この点、過去の政府の方針は一貫している。汎用品にも三原則を「拡大」して適用すべきという論点は論理的には可能であるが、三原則の「見直し」として議論されるべきもので、現在の三原則の運用ではない（→第１編第６章（２)「武器輸出三原則の適用範囲」参照)。現在の政府の運用とは異なる別個の政策論として議論されるべき性質のものである。

**武器と汎用品の区別――具体例**

ここでは国会の場で、具体的に議論となった事例をいくつか検討してみたい。まず、レーダーに関してであるが、レーダーにも軍事用のレーダーから、漁船などに装備されているレーダーまで様々である。こうした点につき、政府は武器に当たるレーダーは、武器に装備するために特殊な加工を施されたものに限られるとする。たとえ軍艦に漁船用のレーダー（汎用品）を搭載していても、そのレーダーは武器には当たらない（ただし、搭載のために何らかの特殊な加工を施せば武器に当たることになろう）。

次は工作機械の例である。政府は潜水艦のスクリューも削れば、商船のスクリューも削るような数値制御装置（NC 装置）のついた汎用の工作機械について、武器製造設備ではないとする。このときに問題となった工作機械は、当時日本企業がソ連に輸出した工作機械であった。この工作機械を外為法に違反して許可を取得せずに輸出し、そのためにソ連潜水艦のスクリューの加工精度が向上した、という批判が米国から寄せられていた。当時、日米間の政治的な問題となっただけでなく、最終的には当該工作機械の輸出に関連して刑事事件にもなった。しかしながら、当該工作機械はたとえ潜水艦のスクリューを削るとしても、他の目的に使われる民生用途の工作機械と同じものである以上、「武器製造関連設備」には該当しないと整理していた。もちろん潜水艦のスクリュー加工専用の工作機械であれば「武器製造関連設備」に該当する。

久間章生防衛大臣は次のような指摘をしている。第一の指摘は、電気製品等に使われている日本製民生品の性能がよかったとしても、それが武器に組み込まれるならば武器輸出三原則上、輸出ができないと指摘する（2006.11.30）。これまでの説明から明らかなように、民生品であれば三原則は適用されないので、「武器輸出三原則のために輸出できない」とは言えない。もし本当に「武器輸出三原則のために輸出できない」として、輸出許可申請が不許可となっているのであれば、三原則の適用を誤っているものとして糾弾されなければならないが、実際に不許可とされたとは指摘していない。

第二の指摘は、米国の化学防護服の生地が日本製だったという。元々スキー用の生地としてドイツに輸出されたものが、ドイツで化学防護服に加工されていたという（2007.5.15）。この例において、確かに化学防護服は武器に該当し得る（具体的には1の項（13）「軍用の細菌製剤、化学製剤若しくは放射性製剤又はこれらの散布、防護、浄化、探知若しくは識別のための装置若しくはその部分品」に該当するか、化学防護服自体が汎用品であるかどうかの確認が必要である）。しかしながら、化学防護服の生地がスキーウエアの生地と同一のものであれば汎用品であると整理される。そのため、少なくとも生地は、化学防護服に加工するためにドイツに輸出したとしても、武器輸出三原則が適用されるものではない。

**武器と汎用品の区別――輸出先**

（軍事）専用品であるか、汎用品であるかは武器であるかを判断する重要な分岐点である。**専用品であるかどうかは、基本的には用途に民生用途があるか（軍事用途のものとして設計していないか）どうか、が判断の基準であり、輸出先によって変わるものではない**。先ほどの炭素繊維のように、民生用途があるものであれば輸出先とは関係なく汎用品とされ、専用品とは考えられない。他方で、戦車や戦闘機、ミサイルのように、完成した武器でなくても戦車専用の部品や戦闘機専用の部品、炭素繊維を利用したミサイル専用の部品であれば、それ自体に武器としての能力（例えば殺傷能力）がなくても武器（の部分品）として扱われる。これは、こうした専用品と市場で入手できる汎用品を集め、武器を組み立てられるため、完成した武器だけを規制しても無意味となってしまうからである。例えば、武器の部品に民生品と共通部品を利用していれば（例えば戦車の部品に自動車の部品を利用しているような場合）、当該部品は専用品ではない。このように、武器であるかどうかはそのモノの性質によって判断されることから、武器である（専用品である）と判断されれば輸出先のいかんを問わず武器の輸出である。例えば、米国に対する輸出は汎用品として武器とは見なさず、米国以外の国に対しては武器となるような運用は行われていない。あくまでも輸出するモノの性質によって決まる。

**外為法上の武器**

輸出貿易管理令別表第１の１の項に列挙されているものが、輸出に当たって許可が必要とされる武器（**外為法上の武器**）であった。**外為法上の武器に該当しなければ**（すなわち同別表第１の１の項に規定するものではなければ）**武器輸出三原則の適用はない**。典型的には汎用品が１の項に当たらないものとして挙げられるが、完成品でも１の項に列挙されていなければ、それを軍隊が使っても武器とは考えられない。汎用品は武器ではない。そのため、たとえ武器の一部として使われることが分かっていたとしても、当該製品が汎用品であれば三原則は適用されない。例えば、他国と民間航空機の共同開発をした際に、民間航空機用に開発された部品が軍事用に転用された場合について、政府はたとえ軍用航空機に転用された場合でも武器には当たらないと整理している。もちろん、軍事用に転用するにあたって何か加工を施せばまさに「専用品」となるが、そのまま民間航空機に使われているものと同じものを軍用航空機に利用しても、武器ではないので武器輸出三原則は適用されない。この整理が問題となったのが、次に紹介する早期警戒管制機をめぐる議論である。

**戦車のエアコンと早期警戒管制機**

過去の国会では「戦車に取りつけるエアコンは武器になるのか」という質疑があった。これに対して政府は、もしエアコンが（たとえエアコンでも）戦車専用のものということであれば、戦車の部品（武器の部分品、すなわち外為法上の武器）ということになる。しかし、汎用のエアコンの取り付け先が戦車だったからといって、それまで汎用品だったエアコンが突然武器に変化することはないと整理している。

戦車の例は、いかにも「議論のための議論」という色彩があるが、実際にこうした区別が重要な意味を持った例として、早期警戒管制機に使われる部品があった。自衛隊が保有する早期警戒管制機はボーイング767型機を改装したものである。したがって、機体にはボーイング767型機と共通の部品が多い。しかも、ボーイング767型機は日本企業も下請けとして部品を製造していた。そこで、日本企業が製造したボーイング767型機の部品が、早期警戒管制機に利用された場合、これが武器輸出になるのではないか（だからけしからん！）、という議論があった。政府は、日本企業がボーイング社に納入している部品は民生用航空機（つまり普通のボーイング767型機）と全く同じであるので、武器には当たらない、したがって、日本企業がボーイング社に納入する（米国に輸出する）ことに武器輸出三原則が適用されることはない、と整理する。輸出先が軍隊だと武器になるとか、軍隊が利用するので武器になるといった整理は誤りである。

同じモノが、用途によって武器になったり、ならなかったりすることはない。

### （2）武器輸出三原則上の武器
### ――何が武器輸出三原則の対象となる武器か

**外為法上の武器と武器輸出三原則上の武器**

武器と汎用品の区別により外為法上の武器と分類されれば（輸出貿易管理令別表第1の1の項に該当すれば）、輸出に当たっては輸出許可が必要であることは言うまでもない（なお汎用品であっても、同別表第1の2～16の項に該当すれば許可が必要であるが、武器輸出三原則が適用される可能性は皆無である）。しかし、外為法上の武器に当たれば、全てが武器輸出三原則の適用対象となるわけではない。外為法上の武器であったとしても武器輸出三原則上の武器でない場合がある。武器輸出三原則上の武器の定義とは次のとおりである。

### ◈ 武器輸出三原則上の武器

| |
|---|
| 「軍隊が使用するものであって、直接戦闘の用に供されるもの」をいい、具体的には輸出貿易管理令別表第１の１の項に掲げるもののうちこの定義に相当するものが「武器」である。 |

出典：三木内閣政府統一見解（1976. 2. 27）を筆者一部修正

上記定義のように輸出貿易管理令別表第１の１の項（**外為法上の武器**）**に該当するもののうち、「軍隊が使用するものであって、直接戦闘の用に供されるもの」ではないものは武器輸出三原則の適用対象とはならない**。つまり外為法上の武器であっても武器輸出三原則上の武器ではない（次頁図参照）。経済産業省は武器輸出三原則上の武器についてホームページで解説をしており、「軍隊が使用するもの」とは「現に軍隊において使用されるという意味ではなく、貨物の形状、属性等から、専ら軍隊において使用される仕様であると客観的に判断されるものを意味します」という。

**◆図：外為法上の武器と武器輸出三原則上の武器**

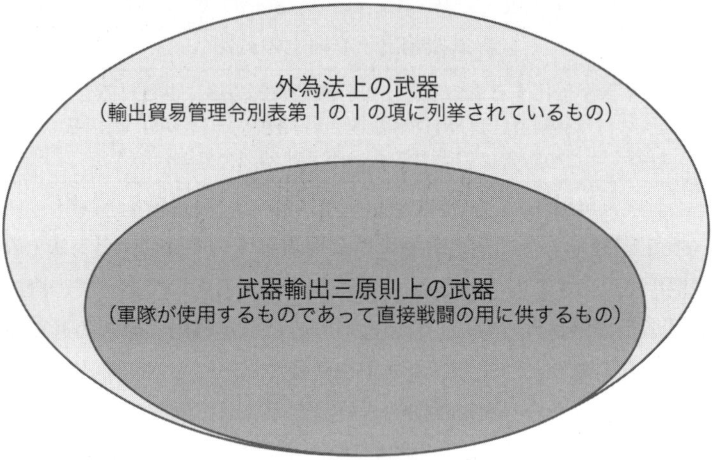


外為法上の武器でありながら、武器輸出三原則上の武器には当たらないものの代表的な例としては猟銃がある。猟銃は輸出貿易管理令別表第1の1の項（1）「鉄砲若しくはこれに用いる銃砲弾」に該当するが、武器輸出三原則上の武器とは見なされていない。そのため、「原則として」輸出を許可しないという三原則の適用対象にはならず、輸出許可申請も比較的許可されやすい。

これまで武器と言えば、軍隊が使うものという前提であったため、猟銃等のごく稀な場合にのみ適用されてきたカテゴリーであった。しかし、今後テロ対策機材のように、軍隊ではなく警察や港湾施設、病院、研究機関などで第一義的に使用されることが予想される資機材は、このカテゴリーに分類できる可能性がある。例えば、テロ対策用に開発された生物剤検知器は同別表第1の1の項（13）「軍用の細菌製剤……の……探知……のための装置」に該当する可能性がある。他方で、こうした検知器の開発意図がテロリストが散布した炭疽菌等の生物剤を探知するために開発されたもので、警察や病院等による使用が想定されているとした場合、「軍隊が使用するもの」や「直接戦闘の用に供されるもの」に該当しない可能性は十分に考えられる。もちろん、個別の開発意図やスペック等を慎重に審査した上で判断されるので一概には言えないが、少なくとも「軍用の細菌製剤……の……探知……のための装置」に該当すれば、自動的に武器輸出三原則が適用されるというものではない。三原則の適用に当たっては、武器輸出三原則上の武器に該当するかどうかの判断が必要である。

なお、武器輸出三原則上の武器に当たらないからといって自動的に武器輸出にならないわけではない。猟銃のように武器輸出三原則上の武器には当たらなくても外為法上の武器に該当（同別表第１の１の項に該当）するものであれば、外為法上は武器輸出であり、輸出に当たっては許可が必要である。武器輸出三原則上の武器に当たるかどうかは、武器輸出を許可するかどうかを判断する際に、武器輸出三原則を適用するかという場面で関係してくるのみであり、許可の要否とは関係ない。

### 武器輸出三原則上の武器でないもの――飛行艇 US1

自衛隊が使用する武器でありながら、武器輸出三原則上の武器ではないと整理され、国会でも議論の対象となったものを順に検討したい。これらは、いずれも三木内閣政府統一見解が表明される前に議論の対象となったものである。しかし、**三木内閣の政府統一見解が表明される前から、武器輸出三原則上の武器は現在と同じように定義されていた**。したがって、三木内閣政府統一見解表明前の案件といえども、同一の定義に当てはまるかどうかの議論であることから、現在でも武器輸出三原則上の武器であるかどうかを判断する際には有益な指針を提供している。

はじめに、US1をめぐる議論を振り返ってみよう。US1は飛行艇であり自衛隊が使用するために開発されたものである。US1に関しては、「軍隊が使用するもの」という条件には該当するとしながらも、海難救助艇という目的から「直接戦闘の用に供するものではない」と整理している。具体的には、US1は対潜哨戒飛行艇のPS1を海難救助を目的に改造したもので、PS1が装備していた対潜装置やソノブイ、魚雷、対潜爆弾、ロケット弾等のランチャー、発射装置を取り払って担架、救命艇あるいは医薬品等の搭載もできるように改造した。こうした状況から、「直接戦闘の用に供するもの」ではないと判断されたものである。

繰り返しになるが、US1が武器輸出三原則上の武器でないからといって、外為法上の武器であることが否定されるものではない。議論の出発点は、輸出貿易管理令別表第1の1の項（9）にある「軍用航空機」に当たるか否かである。「軍用航空機」（外為法上の武器）に当たることを前提として、次のステップとして武器輸出三原則上の武器に当たるかどうかが検討されるのである。

### 武器輸出三原則上の武器でないもの——輸送機C1

自衛隊の輸送機であるC1も、US1同様に武器輸出三原則上の武器ではないと整理されている。河本敏夫通商産業大臣は、「自衛隊でも使ってはおりますけれども、汎用性が非常に高いということのために通産省では武器ではない、こういう考え方でございます」とする（1976.2.27）。

C1がなぜ武器輸出三原則上の武器に当たらないのかについて、以下でもう少し詳しく検討してみたい。政府はC1の構造、性能、設計などから一般の民間航空機の構造と基本的に変わらないとする。その上で貨物や人員の輸送を目的とする構造であり、爆弾を搭載したり、火器を搭載するしたりする構造にはなっていない。だから武器輸出三原則上の武器とは扱わないとする。すなわち、政府は航空機の構造が民間航空機と同じであることを指摘し、次いでUS1と同様に、火器を搭載する構造になっていないことが判断基準として挙げられている。前者は民生品と同じ設計思想であることとも言い換えられよう。

ただ、C1が「汎用性」が高いとしてまるで汎用品であるかのような説明もある。しかし、当然ながらC1は自衛隊が使用する以上特殊な仕様になっており、その点につき批判が向けられる。C1は一般的な民間航空機とは違い胴体が開き、そこから人員や貨物の積み下ろしができるようになっている。胴体が開いたところからは落下傘部隊の降下も可能であるという。こうした特徴について、政府は米国などで森林火災で救助隊員や消防隊員が落下傘で降下するのと同じであると整理する。さらに、こうした用途を「民間」の利用だとする。航空機の構造が民間航空機と同じとはいえ、この場合の「民間」航空機とは、災害救助隊や消防隊が災害用に使うような航空機も含めて「民間」用だと整理していることになる。別の言い方をすると、軍隊以外の者が使用している場合も「民間」と整理していることになる。しかし、C1はUS1と同様に武器輸出三原則上の武器の定義でいう「軍隊が使用するもの」という部分には当てはまる。したがって全体を整合的に解釈すれば、たとえ「軍隊が使用するもの」であっても、構造、性能、設計等が、災害救助隊や消防隊など軍隊ではない組織が利用するものと同じようなものであれば、武器輸出三原則上の武器とは考えない、ということになろう。武器輸出三原則上の武器の定義に従えば、「軍隊が使用するもの」であるものの、「直接戦闘の用に供するもの」とは言えないという整理になる。

もし、C1に民生用の実績があれば、そもそも外為法上の武器ですらなく、汎用品になる可能性が高いことは、武器と汎用品の区別で検討したとおりである。したがって、C1が「汎用性」が高いものと言っても、実際には汎用品ではない。あくまでも外為法上の武器である。実際、C1の民生用の実績を問われたのに対して、政府は自衛隊に納入したものだけで、民生用途での使用実績がないことを認めている。あくまでも、「類似の」航空機が世界で民生用途で利用されているだけなのである。

**武器輸出三原則上の非武器の輸出許可**

C1はイラン・イラク戦争中のイランから、非公式な購入の打診があったという。C1の輸出に武器輸出三原則は適用されないため、たとえイラン・イラク戦争中のイランが、「紛争当事国」であったとしても、三原則を適用して輸出を「認めない」、とはならない。もちろん、武器輸出三原則上の武器ではないので武器輸出を「慎む」対象でもない。他方で、**武器輸出三原則上の武器でなかったら無条件に輸出を認めるわけではない**。武器輸出三原則上の武器でないとはいえ、外為法上の武器に当たるのであれば輸出許可が必要であり、その際に審査が行われることは言うまでもない。この点は、三原則以外にはどのような武器輸出の判断基準があるのか、という論点となるのであり、三原則そのものとは区別されるものであるし、三原則にのみ議論の焦点を当てることによって、議論の対象から漏れてしまう論点でもある。一般論としては、外為法の目的（第1条）に照らしてその可否を判断することになる（→第1編第3章（2）「外為法との整合」参照）。

**トピック：C1と東京大学のロケット**

C1をめぐる議論をひも解くと、1976年2月27日の質疑がいくつも出てくる。この日は三木内閣が政府統一見解を発表したまさにその日であり、当時議論の対象となっていたものが何であるのかを知ることができる。つまり、三木内閣において政府統一見解が表明された前後において議論の対象となっていたものは、武器輸出三原則上の武器ではないC1の輸出の是非をめぐって議論が行われていたのである。佐藤栄作総理大臣が武器輸出三原則を表明したのが、外為法上の武器ですらない東京大学のロケット輸出をめぐる議論であったことと合わせて非常に興味深い。その後こうした個別の案件は忘れ去られ、多くの「神話」だけが独り歩きして行ったのである。

**武器輸出三原則上の武器でないもの――警察用の武器**

C1では、災害救助隊や消防隊が災害用に使うような航空機も含めて「民間」用だと整理していた。この整理に従えば、例えば、警察用で使用している実例があればこれも「民間」となり得るのだろうか。佐藤栄作総理大臣も「ただ単に警察用のものなどは、同じ武器といってもやはり出してよろしいのじゃないだろうか」(1970.2.24) と述べ、軍隊が使用する武器とは区別できると示唆している。

**武器輸出三原則上の武器でないもの――台湾向け輸送艦**

台湾向けに建造した輸送艦が問題となった事例がある。これは、注文主である台湾（中華民国政府）自身が軍艦だと認識していたという。他方で油を輸送する船という点では一般の輸送船と異なるところはなく、大砲なども装備していない。この輸送艦も、武器輸出三原則上の武器ではないと整理された。その理由として、民間で使用するタンカーと船室が同種であり、軍艦の場合と仕様が異なるからであるという。仕様から判断して「軍隊が使用して直接戦闘の用に供するものとは認められない」とされた。

しかし、実はこの給油艦は火砲は装備していないものの、砲座に相当する設計が付与されていた。つまり、輸出時点においては輸送船が火砲を装備していないが、輸出先の台湾で火砲を装備することが予定されていたのである。この点についても、単に火砲を装備していないから武器輸出三原則上の武器ではないと判断されたのではない。たとえ火砲の装備が予定されていて、そのための砲座を造っていたとしても、その砲座が海上保安庁で使用されているような軽火器程度のものである限りは、軍艦の場合とその仕様を異にしていると判断するという。他方で、戦闘用としては鋼材の厚さなどが一般のタンカーと全く同じであり、不向きであるという。つまり、この給油艦は鋼材の厚さなどから、軍艦として要求されるような仕様を満たしていないと判断されたのである。

以上の経緯をまとめると、次のように指摘できる。第一に、① 民生品（この場合はタンカー）と同種の構造であること、民生品と同種の構造であるという点は、C1 輸送機などとも同じ整理である。第二に、② 第一の点とは逆に、軍隊が使用するものとして要求される仕様を満たしていないこと、第三に、③ たとえ武器を装備していても警察用の武器を装備している限りは、「軍隊が使用して直接戦闘の用に供するものとは認められない」こと、が挙げられる。

### 武器輸出三原則上の武器でないもの――護身用の拳銃

最後に、自衛隊用でも警察用でもないものをみておこう。1960 年代、日本は米国向けに拳銃を輸出していた。当時の米国はベトナム戦争中であり、ベトナム戦争中の米国を日本政府は「紛争当事国」であるとしていた。佐藤栄作総理大臣が表明した武器輸出三原則（その後、三木内閣政府統一見解でも継承された）では「紛争当事国」には武器輸出を認めない。それにもかかわらず、なぜ米国向けに拳銃を輸出できるのかが、1970 年の国会で問題になった。政府は武器輸出三原則上の武器の定義を紹介した上で、米国に輸出している拳銃は護身用のものであるとして、こうした拳銃は軍隊が使用し、直接戦闘の用に供するものとは考えない、したがって、武器輸出三原則上の武器ではないと整理する。つまり、護身用の拳銃は武器輸出三原則上の武器ではないという。護身用の拳銃と「軍隊が使用し、直接戦闘の用に供される」拳銃との違いとして、政府は威力や有効射程、銃身の長さ、初速、重量、口径などが軍隊が直接戦闘の用に使用するものとは異なると指摘する。つまり、「護身用」という用途から武器輸出三原則上の武器ではないと結論付けたのではない。あくまでも「護身用」として製造されたその拳銃が、「軍隊が使用し、直接戦闘の用に供される」拳銃と構造や仕様などが異なっていると評価した上で、武器輸出三原則上の武器ではないと結論付けている。

### （3）武器輸出三原則上の輸出――「慎む」必要がないとき ――――

**外為法上の輸出**

外為法上の武器と武器輸出三原則上の武器の定義が異なるように、外為法上の輸出と武器輸出三原則上の輸出もその範囲が異なる。外為法には「輸出」に関する定義規定がないものの、関税法で定義されている「輸出」と同じであると考えられてきた。関税法は、第２条第２項において、「輸出」を「内国貨物を外国に向けて送り出すこと」と定義している。したがって、日本国内から国外に向けて「送り出す」行為が全て「輸出」に該当する。日本から物を売って海外に送り、代金を受け取るといった通常の貿易取引以外にも、日本から物を国外に送り出す行為は全て外為法上の「輸出」と考えられる。例えば、次のような事例も外為法上の輸出に当たる。

外為法上の輸出に当たる例

- **研究開発のための資機材等の海外への持ち出し**（必要な実験終了後に日本に持ち帰る場合も含む）：日本では実施できない実験を行うために海外に資機材を持ち出すことがある。その後、多くの場合実験データと共に資機材も持ち帰るが、こうした持ち出しも「輸出」に当たる。実験終了後に持ち帰るかどうかは「輸出」の生起とは無関係である
- **サンプル品の送付や展示会への出品**：宣伝や紹介のためにサンプル品を送付することも「輸出」に当たる。持参するか郵送するかなどは問わない。展示会への出品も同様である。展示会終了後に日本に持ち帰ることになっていても同じである（外為法上は輸出して（展示会に出品して）、輸入する（持ち帰る）ことになる

こうした行為も輸出に当たることから、もし、輸出するものが武器であれば、法制度上は武器輸出に当たるため、外為法第48条に基づき経済産業大臣の許可が必要になる。上記の事例を武器輸出に当てはめると、国連平和維持活動（PKO）に派遣される自衛隊が持参する武器も武器輸出に当たる（だからこそ、武器輸出三原則の例外化対象となった）。また、日本では射場が狭くて実施できない自衛隊のミサイルの発射試験を米国で実施すれば、それが外為法上の武器輸出に当たる（だから実施の前に輸出許可を取得しなければならない）。また、炭素菌などを検出する装置のようなテロ対策機材が、外為法上の武器に当たる場合には、展示会に出品する行為や海外の検査機関などで性能をチェックしてもらう行為も（その後商談となるかや、展示会や検査の終了後に日本に持ち帰るかどうかに関係なく）、外為法上の輸出に当たることになる。

**武器輸出三原則上の輸出**

武器輸出三原則上の武器であっても、全ての場合において三原則が適用されるわけではない。たとえ武器輸出三原則上の武器を輸出する場合であったとしても、武器輸出三原則が規定する「輸出」ではないと考えられる場合、三原則が適用されることはない。すなわち武器輸出三原則上の武器ではない場合と同様に、「原則として」輸出を許可しないという武器輸出三原則の適用対象とはならない。

武器の定義と同様に、外為法上の輸出に当たらない限りは武器輸出三原則上の輸出には当たらない。さらに、外為法上の輸出であっても武器輸出三原則上の輸出には当たらないものがある（以下の図参照）。

**◆ 図：外為法上の輸出と武器輸出三原則上の輸出**

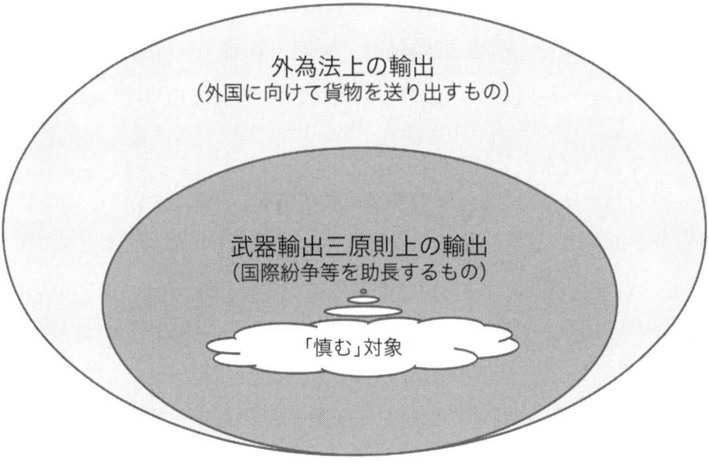


前述のとおり、外為法において「輸出」とは日本から国外に送り出すこととされており、持ち帰るものや自己使用目的のもの、修理目的やサンプル品など用途や形態に関わりなく、日本から国外に持

ち出す行為が全て「輸出」とされるのであった。他方、武器輸出三原則における「輸出」について定義はないものの、輸出の目的、あるいは態様等によって、三原則の趣旨を損なわないものがあると考えられている。三原則の趣旨から、輸出を許可して差し支えのないもの（三原則の表現に従えば「慎む」必要がないと認められるもの）は「『慎む』の例外」（または武器輸出三原則にいう「輸出」に当たらない）として輸出が認められるのである。

武器輸出三原則の趣旨

それでは、武器輸出三原則の趣旨を損なわない「輸出」とは、何を意味するのであろうか。この点を考えるに当たっては、武器輸出三原則の趣旨とは何かという議論から始める必要がある。武器輸出三原則の趣旨について三木内閣の政府統一見解ではその冒頭で次のように説明している。

**◆武器輸出三原則の趣旨**

> 「武器」の輸出については、平和国家としてのわが国の立場から、それによって国際紛争等を助長することを回避するため、政府としては、従来から慎重に対処しており、今後とも、次の方針により処理するものとし、その輸出を促進することはしない

上記の趣旨に続いて、三木内閣政府統一見解が示され、武器の輸出は「慎む」という方針が示されている。このことからも明らかなように、武器輸出三原則の趣旨とは、武器輸出によって「国際紛争等を助長することを回避する」ことにある。換言すれば、たとえ武器を輸出しても国際紛争等を助長することはないと判断される限り、三原則の趣旨を損なわない「輸出」に当たる。こうした武器輸出は、三原則に言う武器輸出を「慎む」必要がない場合となる。

**「慎む」とは**

多くの誤解が、「慎む」ことによって武器輸出が禁止されるのではないかと、いう点にある。「慎む」ことの効果は次のように整理される。武器輸出三原則によって武器輸出を「慎む」結果、武器の輸出を「原則として」許可しない運用がなされる。武器の輸出が「原則として」禁止されているというものであり、外為法や三原則が、武器の輸出を全面的に禁止している（一切輸出を許可しない）ものではない。元々、「禁止」していないものが「解禁」されるはずもなく、日本の武器輸出「解禁」といった議論は（政治的な印象操作を目的としているのでなければ）正確な表現とは言い難い。

こうした整理を三木内閣政府統一見解の表現に従って改めて確認してみたい。まず、「武器輸出三原則対象地域については、武器の輸出を認めない」とされている一方で、「武器輸出三原則対象地域以外の地域については、憲法及び外為法の精神に則り、武器の輸出を慎むもの」とされている。「慎む」は「認めない」という意味ではない。あくまでも慎重に対処すると言っているだけであり、文言上も武器輸出が許される余地を残している。三木内閣政府統一見解を発表した同日の質疑を抜粋してみよう。

> ○河本敏夫通商産業大臣：「認めない」ということは、言葉の通り認めないということであります。「慎む」という言葉は、慎重にする、こういう意味でございます
> ○正木良明議員（公明党）：三原則対象地域以外については、武器輸出については慎重には対処するけれども承認を与えることあり得べし、こういうことですか
> ○河本敏夫通商産業大臣：そのとおりであります

出典：1976 年 2 月 27 日　衆議院予算委員会議事録より関連部分抜粋

ただし、三木武夫総理大臣は「『慎むものとする。』ということで政

府の消極的な態度を表現してあるわけでございます」、と「慎む」を「政府の消極的な態度」であると説明した。**政府は明確に「認めない」と「慎む」を区別しており、「慎む」が全面的な輸出禁止でないことも明らかにしていた。**

ところが1981年に田中六助通商産業大臣が、「『慎む』ということは、やはり原則としてはだめだということ」、と答弁する(1981.2.14)。「原則としてはだめ」なのだから、「例外もある」と認めているに等しいが、具体的にどのような例があるかは当時は想定されていなかったようである。なぜなら、上記答弁の前に田中通商産業大臣は、「『慎む』という言葉は疑問点のまま」であると告白し、質問者の大内啓伍議員（民社党）から、「通産大臣はこの『慎む』ということについて必ずしもはっきりした認識を持っておられない」、と指摘されている。その後、「だめだということ」が独り歩きを始め、「慎む」＝「だめ」という「神話」が広がっていく。また、1980年代には、こうした「神話」を輸出管理当局である通商産業省自身が否定しない時代が続いた。

### 「慎む」に当たらない場合――自衛隊関係

政府は、「慎む」に当たらない場合として、何を具体的に想定していたのだろうか。当初は、政府も具体的に「慎む」に当たらない場合というものをあまり想定していなかった模様であり、自衛隊が使用するために輸入した武器の返品（外為法上の輸出）程度しか想定していなかったようである。

その後政府は、自衛隊が国連平和維持活動（PKO）に参加する際に携行する武器も、外為法上の輸出に当たるものの、許可をする方針を示している。この方針は、後述するPKOに関する武器輸出三原則の例外化の前年に示されたものである。この時点では、PKOに関連する武器輸出が三原則の例外とはされていない。したがって、明示的に示されてはいないが、この時点で許可をする枠組みは、「慎む」に当たらない場合として整理をするほかない。PKO は、国際平和の確立や国際紛争を助長しないものとして、「慎む」には当たらないと整理された。また、自衛隊が使用するために輸入した武器の返品だけでなく、修理のための輸出も同様の扱いであり、「慎む」に当たらない場合として武器輸出が許可される。さらに、日本のみが使用する武器の生産の過程で部品などが加工、組み立てのために一時的に他国に輸出されるものの、最終的に日本に戻されるような場合も、「慎む」に当たらないとされている。この他にも自衛隊が、手狭な国内の演習場ではできない訓練などを、米国で行うことがある。こうした派米訓練などを行う際、戦車等の装備品を米国に輸出して訓練を行うが、この際の輸出許可申請はこの枠組みで許可される。さらに自衛隊の武器の試験目的の輸出（外為法上の輸出）も、「慎む」に当たらない例とされている。

### 「慎む」に当たらない場合――自衛隊以外

湾岸戦争時に報道関係者や医療関係者が現地に持参した（外為法上の輸出）ガスマスク（防毒マスク）は、現地で万全の管理がされ、かつ帰国時に持ち帰ること等が前提として輸出が許可された。また、スカイマーシャル制度で、ハイジャック対策のために拳銃を携帯して国際線に搭乗する警察官も、外為法上は武器輸出にあたる。この場合、警察官の携帯する拳銃は外為法上の武器であるものの、前節で検討したように、武器輸出三原則上の武器ではない、という整理も可能であるし、仮に、拳銃が武器輸出三原則上の武器であると整理される場合には、武器輸出三原則上の輸出には当たらない、という整理も可能であろう。さらに、警察が武器を携行した特殊急襲部隊（SAT 部隊）をテロ対策等で海外に派遣する場合の武器輸出三原則との関係も、政府は湾岸戦争時のガスマスク（防毒マスク）と同じ論理構成を説明し、「慎む」には当たらない場合と判断することを示唆している。

「慎む」に当たらないものは、ある特定の輸出に限られるものではなく、**国際紛争等の助長回避という武器輸出三原則の目的に反しないと整理される**ものである。したがって、これらに限らず、今後とも同様の整理で「慎む」に当たらないものと整理できる輸出は出てくるものと思われる。

**◆これまで「慎む」に当たらないとされた例**

- 自衛隊が使用するために輸入した武器の返品、修理のための輸出
- 日本のみが使用する武器の加工、組み立てのために一時的に輸出されるもの
- 自衛隊が海外で訓練を実施する際の輸出（武器の現地持ち出し）
- 警察の特殊急襲部隊（SAT部隊）の海外派遣
- 湾岸戦争後、報道関係者や医療関係者が持参したガスマスク（防毒マスク）
- その他国際紛争等の助長回避という武器輸出三原則の目的に反しない輸出

議論の混線

確かに、武器輸出三原則上の武器や輸出という概念は、外為法上の定義と混乱を招く側面はあろう。しかし、様々な主張を聞く際にこうした混線を意識しておくことは重要である。

前原誠司議員（民主党）は、武器輸出三原則を疑問視する一環として「あげくの果てには、海外で自衛隊が訓練するときにもこれは武器輸出に当たるんじゃないかという議論が国会の中であったという話」(2007.3.29) と「武器輸出」に当たるはずはないという前提で指摘している。しかし、前原議員の指摘する、「海外で自衛隊が訓練す

る」ために武器を海外に送ることも、外為法上は「武器輸出」である。おそらく前原議員の指摘は武器輸出三原則上の「武器輸出」ではないということである。したがって、自衛隊が海外で訓練する場合にも輸出許可が必要であることは既述のとおりである。

久間章生防衛大臣も同じ2007年に湾岸戦争後に新聞記者がガスマスクを持参した件に触れて、輸出ができずに困ったという。そこで「持っていったものを持って帰る」ということ「それを輸出じゃないという形で整理した」(傍点筆者) と指摘する (2007.5.15)。既述のとおり、久間防衛大臣の指摘する「輸出じゃない」とは武器輸出三原則上の輸出ではないと整理することによって、「慎む」には当たらない場合として、輸出許可申請を許可したということである。たとえ、「持っていったものを持って帰る」としても外為法上は輸出である。また、ガスマスクは輸出貿易管理令別表第1の1の項に該当する ((13) 軍用の細菌製剤、化学製剤若しくは放射性製剤又はこれらの散布、防護、浄化、探知若しくは識別のための装置若しくはその部分品) ものであるため、輸出許可は必要である。これらの議論も、国会において外為法上の輸出についての議論ではなく、その運用方針に過ぎない武器輸出三原則上の輸出に議論の焦点が当たっていることを示している。

武器輸出三原則上の「武器」と「輸出」は外為法上の「武器」と「輸出」と定義が異なるため、議論が錯綜しがちである。しかし、あくまでも法的な基盤は外為法にあることから、まずは外為法上の武器に当たるのか、輸出に当たるのか、を整理した上で武器輸出三原則の議論をすべきである。国会での議論を見る限り、この点ははなはだ心許ない。

# ◇第 3 章◇ 武器輸出三原則を適用しない場合
## ——武器輸出三原則の例外

ここまで、武器と汎用品の区別から始め、外為法上の武器、武器輸出三原則上の武器、武器輸出三原則上の輸出の考え方を整理してきた。外為法上の武器であり、武器輸出三原則上の武器、輸出である場合には三原則が適用される。そのため、原則としてその武器輸出は「慎む」対象となる（紛争当事国など三原則対象地域であれば「認めない」対象となる）。しかしながら、三原則上の輸出に当たる場合でも、三原則に「よらない」（適用しない）とされるものがある。これを武器輸出三原則の例外という。具体的事例としては、1983 年に対米武器技術供与が三原則の例外とされたのを嚆矢として、国連平和維持活動（PKO）や対人地雷除去活動、テロ特措法関連、イラク特措法関連、弾道ミサイル防衛（BMD）に関する活動などが、例外化の対象とされている。多くの活動は政府自身（自衛隊）が輸出者となっている活動であり、自衛隊の海外派遣に必然的に伴う武器輸出（自己防衛のために持参するもの）が対象となっている場合が多いが、対人地雷除去活動のように、必ずしも自衛隊の活動に限定されるものではない。

**武器輸出三原則例外化の方法**

武器輸出三原則の例外化は、官房長官談話で行われることが多いが、関係省庁了解のケースもある（次頁の表参照）。例外化の対象となる輸出先が限定されているもの（対米武器技術供与（米国）やインドネシアへの巡視艇供与（インドネシア）、日豪 ACSA（豪））もあれば、限定されていないもの（PKO、在外邦人輸送）もあり、それぞれの事案ごとに異なる。したがって、**「米国向けに限り武器輸出三原則は適用されない」《神話 18》という主張や、「武器輸出三原則の例外化は米国向けに限られる」《神話 19》といった主張は「神話」に過ぎない。**

**◆ 主な武器輸出三原則の例外化対象**

- 対米武器技術供与（1983）○
- 国連平和維持活動（PKO）（1991）△
- 日米物品役務相互提供協定（ACSA）（1996）○
- 人道的な対人地雷除去活動（1997）○
- 自衛隊による在外邦人輸送（1998）△
- 中国遺棄化学兵器処理事業（2000）○
- テロ特措法関連（2001）○
- イラク特措法関連（2003）○
- 弾道ミサイル防衛（BMD）（2004）○
- インドネシアへの巡視艇供与（2006）○
- ソマリア沖海賊対処（2009）○
- 日豪物品役務相互提供協定（日豪 ACSA）（2010）○

〈凡例〉○：官房長官談話、△：関係省庁了解

### 武器輸出三原則の目的と例外化

武器輸出三原則の適用をなくしてしまうことで、三原則の目的である国際紛争等の助長防止はどうなるのであろうか。この点について政府は、三原則の例外対象となる案件は、全て武器輸出三原則の目的と両立可能であると整理している。逆に言うと、三原則の目的――国際紛争等の助長防止に反しないと考えられる場合に限り、武器輸出三原則の例外は認められている。例えば、最初の例外化である対米武器技術供与では、国連憲章に矛盾しない使用と第三国移転の事前同意が挙げられている。また、国連憲章に矛盾しない使用として具体的には自衛目的以外のために使用しないことが示されている。こうした条件付けをすることによって、国際紛争等を助長防止

するという三原則の目的に反しない、と整理されているのである。そのため、三原則の例外化によって武器輸出三原則の適用からは外れるものの、例外扱いによって輸出される武器が、国際紛争等の助長回避という目的に反することがないようになっている。国連平和維持活動（PKO）のようにむしろ武器輸出（＝自衛隊の海外派遣）によって国際紛争等の防止を図る活動もある。

### 官房長官談話の法的意義

外為法第48条で、武器の輸出に当たっては経済産業大臣の許可が必要である。換言すれば武器輸出の許可は経済産業大臣の専権である。この点、法律上議論の余地はない。武器輸出三原則が政府統一見解であっても、三原則の例外化が官房長官談話であろうと、法律上は経済産業大臣が武器輸出を許可する権限を持ち、同時に武器輸出が妥当であるかどうかの判断をする責任がある。したがって、個別の武器輸出について判断の是非が問題となれば、違法性の有無は経済産業大臣の判断（法的な争いとしては外為法に基づく輸出不許可処分）に帰着する。そのため政府統一見解や三原則の例外化と同様の判断を、こうした措置を抜きにして経済産業大臣が単独で行うことは法的に何ら問題はない。これは三原則が元々通商産業省の内規であったことからも明らかである（→第1編第3章（1）「武器輸出三原則の歴史」通商産業省の内規参照）。法改正も経ることなく、政府統一見解が出されたからといって、法的責任の所在が突然変更されるものではない。政府統一見解や官房長官談話というのは、外為法の運用方針を発表するための政治的な形式に過ぎない。外為法を所掌する経済産業大臣が認めない政府統一見解や、官房長官談話は法的にはあり得ない。外為法に基づく輸出管理実務の第一義的責任は、経済産業大臣である。

**官房長官談話の必要性**

武器輸出三原則の例外化が官房長官談話で行われることに対しては、官房長官談話だけで運用が変わってしまうことが、法治国家として妥当なのかという疑問の声がある。しかしながら、法的には官房長官談話すら不要である。むしろ、**官房長官談話がなければ武器輸出三原則の例外化は不可能だと考えることが誤りである**。三原則は、経済産業大臣が輸出許可の可否を判断する場合の基準であるが、三原則を適用した結果に責任を持つのも経済産業大臣である。外為法は立法府から行政府に与えられた授権である。行政府に与えられた裁量の範囲内で判断することは、行政府（経済産業大臣）の責任である。そのため、官房長官談話によって政治的には政府全体が責任を負っているような体裁を取っているが、法的責任の所在は経済産業大臣以外にはない。実際、三原則の例外化には関係省庁了解という形式もあることは先述のとおりである。歴史的にも、武器輸出三原則は通商産業省の内規であったことを思い出してほしい。

**武器輸出三原則の例外化の法的な意義**

武器輸出の許可権限が経済産業大臣の専権である以上、武器輸出三原則の例外化が官房長官談話である法的必然性はない。あくまでも武器輸出という政治的な案件なので、官房長官談話という形で政治的な「ハードル」を高めているに過ぎない。官房長官談話は、当該武器輸出が「国際紛争等を助長」しないことを、あくまでも政治的に確認しているだけであり、官房長官談話なしに経済産業大臣が「例外化」（武器輸出三原則を適用しないという判断）をすることは、法的に全く問題はない。武器輸出三原則の「慎む」に当たるかどうかの判断は、従来から経済産業大臣が単独で行っているのである。そもそも、外為法第48条で武器輸出だけが官房長官の判断であると解釈することは法的に不可能である。外為法の条文ではどこにも官房長官は登場しない。こうした政治的な判断を、法的制約と混同してはならない。

現在の武器輸出三原則の例外化と、武器輸出三原則の「慎む」に当たらない場合との法的な差異は、三原則が紛争当事国などへの輸出は禁止している（「認めない」）一方で、**武器輸出三原則の例外とすれば紛争当事国向けにも輸出は可能になる**ことに尽きる。1983年の対米武器技術供与における例外化では、この点がまさに明示的に意識されていた。すなわち、米国が紛争当事国になった場合に武器技術の提供ができなくなるようでは問題だ、と政府が判断したため、三原則の例外対象としたという。反対に、紛争当事国など三原則が輸出を認めない地域以外への武器輸出であれば、武器輸出を認める場合に例外化措置によるか、「慎む」に当たらない場合として処理するかに法的な差異はない。いずれの場合も、国際紛争等の助長回避という基準は共通なのである。

### 武器輸出三原則の例外化と「慎む」の近似性

国際紛争等の助長回避という武器輸出三原則の目的に反しない武器輸出に例外化が限定されているので、「慎む」に当たらない場合として整理とすることでも武器輸出は可能な場合が多い。三原則の例外と、「慎む」に当たらない場合の近接性について過去に国連平和維持活動（PKO）をめぐる議論で生起した。PKOにおける武器輸出は関係省庁了解で三原則の例外とされたものの一つだが、過去の国会における議論では湾岸戦争時のガスマスク（防毒マスク）同様に「慎む」にも当たらないという整理がある（→第2編第2章（3）「武器輸出三原則上の『輸出』」「慎む」に当たらない場合——自衛隊関係参照）。前述のテロ対策等で警察の特殊急襲部隊（SAT部隊）を海外に派遣する場合の判断枠組みを紹介した際に、具体例として政府は湾岸戦争後の報道関係者が持参したガスマスクの例に加えて、PKOでは業務終了後に日本に持ち帰ることを条件として武器輸出を認めているとも答弁している。SAT部隊の海外派遣は、三原則の例外とはされていないことから、「慎む」に当たらない場合として例示したものと思われる。

紛争当事国など、武器輸出を「認めない」場合を除いて、武器輸出三原則の例外とするか、「慎む」に当たらない場合と整理するかは、政治的な判断であり、法的には同価値である。いずれにせよ、外為法第48条に立ち返り武器輸出許可の可否を判断している。**全ての武器輸出案件は、外為法に基づいて個別の案件ごとに検討することは法的に当然のこと**である。

なお、武器輸出三原則の例外化によって輸出許可そのものが不要になると誤解している論者もいるが、それは誤りである。三原則の例外化とは、あくまでも外為法の運用方針である三原則の適用を外す措置であり、外為法の適用除外ではない。法律の適用除外を、行政側の行為である官房長官談話で行うことが認められるはずもない。したがって、三原則の例外化措置が行われたからといって自動的に輸出ができるわけではなく、ケース・バイ・ケースで判断されることになる。その結果、当然不許可となる事態も考えられる。三原則の例外化対象となっている自衛隊関連の武器輸出でも、輸出許可は取得している。武器輸出三原則の例外化案件だから一律に許可されたり、武器輸出三原則が適用になるから一律に不許可になったりすることはない。

### 武器輸出三原則の例外化と外為法

武器輸出三原則の例外化とは、あくまでも外為法上の運用方針の変更に過ぎないため、外為法の改正が必要になるものではない。外為法の適用の際、すなわち輸出許可申請の審査の際に経済産業大臣が基準とするものが三原則ではなくなるだけのことである。そのため輸出許可が必要な武器（外為法上の武器）に変化はない。あくまでも、申請の際の許可基準が変わるにすぎない。

したがって、武器輸出は禁止されてきたのだから、武器輸出三原則の例外化には法改正が必要だ、という指摘は誤りである。武器輸出は許可制であるというだけである。むしろ、外為法では一貫して許可や承認の対象としてきた。戦後直後、進駐軍の命令で武器生産が全面的に禁止されていた時期を除き、日本の法制度上武器輸出を禁止したことはない。

### 武器輸出三原則の例外化と国際約束

武器輸出三原則は日本独自の政策であることから、その例外化も日本政府が単独で判断して決めている。国際条約はもちろん、国際輸出管理レジーム上からも三原則の例外にすべきだとか、例外にすべきでないという要請は一切ない。したがって、日本は三原則を守っている「数少ない国」という指摘もあるが、数少ないではなく唯一の国である。それは武器輸出三原則が特殊だからという意味ではなく、あくまでも国内政策であるからである。

### 民間企業への強制？

武器輸出三原則の例外化対象となった案件でも、無条件に輸出が許可されるわけではないことは、先に触れたとおりである。しかし、対米武器技術供与や弾道ミサイル防衛（BMD）など、日本政府としては日本の安全保障に資するので、むしろ「輸出したい」と考えている案件もあるのではないだろうか。その場合に、米国に輸出する武器の所有者が民間企業であった場合（民間企業が開発した武器）、日本政府が民間企業に輸出を強制するのではないか、ということが危惧されたことがある。

この問題は、特に対米武器技術供与が武器輸出三原則の例外となった際に国会で議論された。武器技術提供の可否を判断する者は基本的には武器技術の提供者であるので、提供者が同意しないものが供与されることはない。したがって、民間企業が保有する武器技術であれば、当該民間企業の同意が提供の前提となる。日本政府が保有する技術ではないので、日本政府がその是非を判断する立場にはない。これは当然の整理である。しかし、国会では、行政指導といった形で、間接的強要をする危惧が繰り返し表明されている。さらに、行政指導とまではいかない別の有形無形の「圧力」がかけられるのではないか、という危惧まで表明された。もちろん、政府はこうした行政指導や「圧力」を否定する。法的根拠もなく行政指導はできないので、政府としては当然の立場であるが、こうした懸念表明は、かつては法的根拠のない行政指導があった反映であるのかもしれない。他方で、この当時対米武器技術供与では、行政指導に対して否定的な立場を取る野党側が、政府に対して武器輸出の自粛を促すような面では、むしろ積極的に行政指導を求めている。したがって、この当時においては行政指導全てが必ずしも否定的に捉えられているわけではないことは留意しておく必要があろう。(→第３編第２章（２）「法を軽視する風潮」参照)

**武器輸出三原則の例外か「慎む」か**

紛争当事国など、武器輸出三原則が武器輸出を「認めない」地域を除いて、三原則の例外化と「慎む」に当たらない場合は、輸出する側にとって大きな違いはない。他方、現実的には、一企業若しくは一研究機関単位で三原則の例外化を求めるということは考えにくい。これは、極めて政治的な案件であり、企業や研究機関が武器輸出三原則の例外化を求めるというのは、あまり現実的とは思えない。

しかしながら、例えば、防衛省や文部科学省からの委託事業のように、政府から予算を受けて実施する事業のうち、国際協力や海外支援が予算の理由付けになっているような場合には、輸出が認められない限り予算の適正な執行とは言えなくなってしまう場合も考えられる。その場合にも、受託者が輸出者となって輸出許可申請をするであろうが、その際、委託元である行政機関も、当該予算の意義や輸出の必要性や妥当性につき必要な説明を輸出管理当局に対して行うべきであろう。当初から、海外への支援や国際協力といった形で輸出が想定されている委託事業であれば、本来であれば予算要求の時点で外為法や武器輸出三原則との関係につき、省庁間で調整しておくべきであると言える。このような場合、委託元である行政機関が、積極的に武器輸出三原則の例外化に向けて調整するということは十分に考えられる。2010年に、文部科学省の科学技術・学術審議会 研究計画・評価分科会 安全・安心科学技術委員会がとりまとめた報告書「安全・安心に資する科学技術の推進について」では、「犯罪・テロ対策技術においては、適切な貿易管理体制の下、各国の規制など個別の事情を踏まえた上で、海外への輸出を視野に入れることは、安全・安心に資する科学技術の研究開発の成果が広く活用されるとの観点から、積極的に推進すべきである」と輸出を視野に入れた研究開発を提唱している（文部科学省がテロ対策機材など武器の研究開発を推進していることについては→第1編第1章（2）「基本的人権」軍事研究の忌避参照）。

## トピック：武器輸出に関する国会決議

1981年に大阪の商社が韓国へ武器（砲身の半製品）を輸出した事件が発覚したことに対して、再発防止と武器輸出規制の徹底を図る趣旨から武器輸出問題等に関する決議（以下、国会決議という。）が衆参両院で採択された。

### ◆武器輸出問題等に関する決議

（衆・本会議　1981.3.20・参・本会議　1981.3.31）

わが国は、日本国憲法の理念である平和国家としての立場をふまえ、武器輸出三原則並びに昭和51年政府統一方針に基づいて、武器輸出について慎重に対処してきたところである。

しかるに、近時右方針に反した事例を生じたことは遺憾である。

よって政府は、武器輸出について、厳正かつ慎重な態度をもって対処すると共に制度上の改善を含め実効ある措置を講ずべきである。

右決議する

国会決議は立法措置ではないので、政府を法的に拘束するものではなく、外為法に優先することはない。国会決議では、「武器輸出禁止」とは一言も表現されていないにもかかわらず、この国会決議は武器輸出禁止という「立法府の意思」であるとする議論が見られた。国会決議で、武器輸出禁止の意味を持たせようとした意図があったとすれば、憲法上も外為法との関係上も極めて疑義が大きい。武器輸出禁止に抑制的な憲法や外為法の規制を、国会決議により事実上潜脱することにもなりかねず、法治国家の基本が揺らぎかねない危険性をはらんでいるのである。

国会決議を過度に重視することは一見すると立法府を重視しているように見えるが、実際の立法（外為法）を軽視するという問題がある。武器輸出に関する国会決議が、外為法の上位にあることはあり得ず、武器輸出三原則を国会決議が何らかの形で強化しているとしても三原則の枠内でのことであり、こうした法的な上下関係を前提にすれば国会決議を評価する意義は法的には少ない。

なお、国会決議の前後において、外為法も武器輸出三原則も改正されていない。国会決議によっては武器輸出管理制度は全く変わらなかったのである。

# ◇第4章◇ 武器輸出管理の全貌
## ——まとめ

**法的責任の所在**

外為法第48条に基づく、輸出許可申請の可否の判断が、経済産業大臣の専権である以上、その運用方針である武器輸出三原則の解釈も、法的には経済産業大臣の専権である。実際、武器輸出三原則上の武器に当たるのか、「慎む」に当たるかどうか、という判断は経済産業大臣が行っている。「紛争当事国」の判断も同様である。外為法の運用である以上、経済産業大臣が責任を持って判断しなければならない。例えば、「ある国が武器輸出三原則に言う紛争当事国ではないのか」、と聞かれれば当然回答すべきなのは経済産業大臣であり、外務大臣ではない。外務大臣は外為法上の判断権限は与えられていないからである。「紛争当事国」だけを外務大臣に判断を委ねる法的根拠はない。同様に、武器輸出三原則上の武器の判断も防衛大臣に委ねることはできない。もちろん、これらの大臣と協議をすることは自由であるし、場合によっては必要かもしれない。しかし、法的責任の所在はあくまでも経済産業大臣なのである。

**武器輸出フロー**

ここまでの検討をまとめると、以下のような武器輸出管理の全体像を示すことができる（次頁図参照）。

まず、ある輸出案件があった場合、輸出するモノが、輸出貿易管理令別表第1の1の項に該当するかどうかを判定する。もし該当しなければ、当該資機材は外為法上の武器ではない（したがって武器輸出三原則上の武器になることはあり得ない）。同別表第1の1の項に該当すれば、外為法上の武器と考えられる。この時点で、

**◆図：武器輸出フロー**

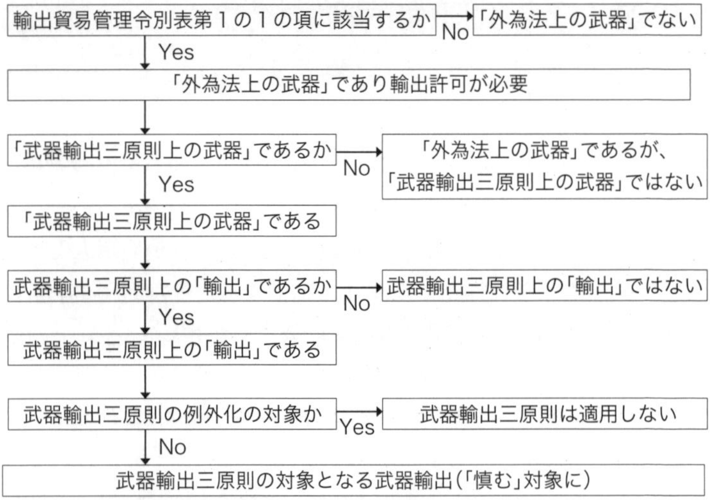


外為法上の武器輸出許可が必要になることが明らかとなる。次に、輸出する武器が、武器輸出三原則上の武器であるかどうかの判定をする必要がある。武器輸出三原則上の武器の定義は、既述のとおりである。猟銃などのように、もし武器輸出三原則上の武器ではないと判定されれば、外為法上の武器として輸出許可が必要にはなるものの、武器輸出三原則が適用されることはない。言うまでもないが、三原則が適用されないことが、自動的に許可されることを意味するものではない（イラン向けC1輸送機の輸出を思い出してほしい)。

もし、武器輸出三原則上の武器であると判定された場合には、武器輸出三原則上の輸出に当たるかどうかを判定する。この場合、武器輸出三原則上の武器なので、武器輸出三原則の対象とはなる。しかし、もし、武器輸出三原則上の輸出に当たらなければ、「慎む」場合には当たらない。具体的には、国際紛争等の助長回避という三原則の目的に反しないと整理される限り、その輸出は「慎む」必要はない。その結果、原則自由の外為法の一般原則（外為法第 47 条）に戻ることになる。

最後に、武器輸出三原則の例外に当たれば、三原則が適用されない。

以上のいずれにもあたらない場合、具体的には、次の①〜④全てに当てはまる場合

① 外為法上の武器に該当する
② 武器輸出三原則上の武器にも該当する
③ 武器輸出三原則上の輸出にも該当する
④ 武器輸出三原則の例外にも該当しない

であれば、武器輸出三原則が適用される。この場合は原則として輸出は「慎む」ものとされる。「慎む」理由は、三原則の趣旨を踏まえれば、その武器輸出は「国際紛争等を助長する」と判断されるからである。

武器輸出三原則の運用に焦点を当てると次頁の表のようになる。

## ◆武器輸出三原則の運用

| 実　像 | そのココロ |
|---|---|
| ① 武器輸出三原則の適用対象は武器である | 汎用品に武器輸出三原則が適用されることはない |
| ② 武器であるかどうかは、そのモノ（貨物や技術）の性質で判断される | 輸出先によって同一のモノが武器になったり、ならなかったりするものではない |
| ③ 外為法上の武器と武器輸出三原則上の武器は同じではない（外為法上の武器の方が、武器輸出三原則上の武器よりも広い） | 外為法上の武器であっても、武器輸出三原則上の武器に当たらなければ、武器輸出三原則は適用されない |
| ④ 武器輸出三原則上の武器に該当しても、輸出の態様から判断して、武器輸出を「慎む」場合に当たらなければ、武器輸出は許可される | 国際紛争等の助長回避という武器輸出三原則の目的に反しないものであるかどうかが、「慎む」に当たるか否かを判断する基準である |
| ⑤ 武器輸出を、「慎む」に当たらない場合と、武器輸出三原則の例外化の対象となる場合の法的な違いは、後者は、武器輸出三原則では武器輸出を「認めない」紛争当事国などへの武器輸出も可能となる点である | その他の武器輸出三原則の例外化の効果は、政治的なものである。たとえ、武器輸出三原則の例外とする官房長官談話があっても、武器輸出の可否を判断する法的責任は経済産業大臣にある |

| 実　像 | そのココロ |
|---|---|
| ⑥ 武器輸出三原則の例外化によって、武器輸出三原則が適用されなくなる | ただし、輸出許可が不要になるわけではない。また、全ての武器輸出が武器輸出三原則により禁止されていないことと同様に、武器輸出三原則の例外となれば全ての武器輸出が許可されることにもならない |
| | 武器輸出三原則の例外化の対象が、武器輸出三原則に違反するということは、論理的にあり得ない |
| ⑦ 武器輸出三原則の例外化の対象となった事案において、第三国移転の際に日本政府の事前同意を得ることが、武器輸出許可を判断する要素となったとしても、第三国移転やその際の日本政府の事前同意は外為法の枠外である | 第三国移転が外為法の適用対象外である以上、日本政府の事前同意の際に武器輸出三原則が適用されることも論理的にあり得ない |

「神話」チェック

ここまで、武器輸出三原則の「神話」と実像を解き明かしてきた。そこで、次のような主張が「神話」に基づくものなのか、実像に基づくものなのかの区別ができるようになったと思う。以下の主張について「神話」か実像かを判定してほしい。

① 武器輸出三原則は憲法９条に基づくものではないとはいえ、憲法の精神に基づくものであるから、外為法の改正以上に変更は困難であるし、変更すべきでない

② 武器輸出三原則は国是ではないかもしれないが、ここまで広

く国民に受け入れられている以上、変更するのは憲法上疑義がある

③「慎む」は事実上禁止だ

④ 三木内閣の政府統一見解を廃止すれば、武器輸出は容易になる

⑤ 武器を他国と共同開発するには、武器輸出三原則の例外化が必要である

⑥ 第三国移転に事前同意することは、武器輸出三原則の形骸化に他ならない

①、②は憲法との関係である。憲法9条に基づくものではない、国是ではないとしており実像に近いようにも見える。しかし、武器輸出三原則は、憲法の精神、すなわち国際紛争等の助長を防止するという目的のための手段として、政府が表明している政策に過ぎない。政策変更が立法（法改正）よりも困難ということはない。そもそも、政策の設定（三原則の表明）と同程度の難易度（国会での答弁や政府統一見解の発表）で変更できるものであり、立法より困難であるとは言えない。同様に政策変更は憲法や、立法の範囲内であれば行政府の裁量で行うことができる。したがって、政策変更自体が憲法上疑義があるということにはならない。問われるべきは政策の中身であり、その意味では変更以前に政策の設定の時点（三原則表明の時点）で、本来は憲法や立法との関係が問われる。これまでの武器輸出三原則をめぐる議論が、外為法はおろか、憲法の基本的人権も無視してきたことは既述のとおりである。

③、④は三木内閣の政府統一見解に対するものである。「慎む」ことによって「原則として」許可しないという運用となったものであり、全ての武器輸出を許可しないわけではない。この「事実上」と

いう言い方にはやや幅があるが、多くの場合、全ての武器輸出は許可されなくなったという文脈で用いられている。その意味で正しい指摘ではない。また、三木内閣の政府統一見解は、外為法によって経済産業大臣に与えられた裁量の範囲内での許可基準という位置付けであり、既に政府統一見解表明前から、同様の基準で運用されていた。そのため、政府統一見解を廃止しても同様の基準を設けることは経済産業大臣の裁量として許される。また、法改正もなく許可基準が変更されること自体、法治国家として望ましくもない。いずれにせよ、三木内閣の政府統一見解の有無にかかわらず武器輸出を「慎む」という運用は可能である。

⑤、⑥は、武器輸出三原則の例外化と第三国移転についてである。三原則が武器輸出を全面的に禁止するので、三原則の例外とならない限り、他国と共同開発ができないというのは典型的な「神話」である。「慎む」に当たるか——国際紛争等の助長回避、という三原則の目的に反しない武器輸出であるかが問われる。「慎む」に当たらなければ武器輸出は許可される。むしろ、憲法や外為法の原則からは許可されなければならない。また、三原則の例外化案件で外国に輸出された武器が、さらに別の外国に再輸出される（第三国移転）場合、外為法は日本からの輸出を規制する法であるから、第三国移転に三原則が適用されることはない。そのため、第三国移転に事前同意することが、三原則の形骸化に当たるということはあり得ない。

# 第3編

# 「武器輸出三原則『神話』」を超えて

**【本編のねらい】**

ここまで、武器輸出三原則（三原則）について、これまで広く信じられてきたことが「神話」であることを明らかにするとともに（第１編）、三原則の実像についてみてきた（第２編）。最後に、こうした「神話」を育んできた背景を探ってみるとともに、こうした「神話」を超えて建設的な議論を展開するために必要な要素を考えてみよう。

まずは「神話」の語り口について振り返ってみたい。「神話」はどのような形で語られてきたのであろうか。第１編、第２編を読んできた読者であれば、これらの語りのどこに「神話」が潜んでいるか見抜くことができよう。

次に、こうした「神話」が受け入れられてきた社会的な背景について、仮説をいくつか提示してみたい。本書は武器輸出三原則の実像を紹介することがその目的であり、「神話」の背景にまでは切り込むことができていない。こうした背景は、それ自体が研究に値するテーマであると思われるが、本編では、安全保障を忌避する風潮と、法を軽視する風潮が抜きがたく存在しているのではないか、あるいは、そうした風潮抜きに、これだけ「神話」が広く信じられることはなかったのではないか、という仮説を提示した。

最後に、今後の武器輸出三原則の議論に向けた基本的な姿勢を提示する。「神話」からの脱却は当然として、その上で三原則を擁護するにせよ、見直しを要求するにせよ、議論に必要な最低限の要素を提示した。合わせて三原則のみに焦点を当たることによって、安全保障政策全体の中での位置付けが曖昧になる点を指摘している。三原則は武器輸出管理の一部であり、武器輸出管理は輸出管理全体の一部である。さらに、輸出管理は安全保障政策の一部である。こうした全体像を鳥瞰しながら議論することが重要である。

# ◇第1章◇「神話」の語り部たち

まずは、「神話」がこれまでどのように語られてきたのか、その典型的な例を見ていこう。これらの主張のどこに「神話」が潜んでいるか確認していきたい。

## (1) 村山富市総理大臣の主張

**自衛隊合憲と武器輸出三原則**

社会党の委員長として総理大臣に就任した村山富市総理大臣は、「専守防衛に徹し、自衛のための必要最小限度の実力組織である自衛隊は、憲法の認めるものである」(1994.7.20) として、社会党のそれまでの方針を改めて自衛隊を合憲であると認めた。村山総理大臣・社会党の自衛隊合憲論の理由づけの一つに、武器輸出三原則 (三原則) が挙げられている。ここでは村山総理大臣の自衛隊合憲論を振り返り、三原則や憲法の社会党における位置付けについて検討してみたい。

村山総理大臣は自衛隊を合憲と位置付けるにあたって、自衛隊に対する国民世論に、社会党の運動が役割を果たしたと自らを評価した。村山総理大臣は文民統制や専守防衛、徴兵制の不採用、自衛隊の海外派兵の禁止、集団的自衛権の不行使、大量破壊兵器の不保持、非核三原則などを列挙し、その中に「武器輸出の禁止」を加え、これらが「必要最少限度の自衛力の存在を容認するいわば歯どめとして、穏健でバランスのとれた国民意識を形成する上で大いに役立った」(1994.7.22) と自賛した。

上記の村山総理大臣の整理は憲法解釈、法律の制約、政策論が全て混在している。徴兵制の不採用や集団的自衛権の不行使、大量破壊兵器の不保持は憲法上の制約であるが、「武器輸出の禁止」はこれまで幾度も指摘したとおり憲法上の制約ではない。少なくとも「武器輸出の禁止」は憲法から必ずしも導かれないことは、既述のとおりである。しかし、村山総理大臣は「平和憲法に貫かれておる具体的な原則」(1995.10.17) だと称していた。既述のとおり、憲法の精神とは国際紛争等の助長を回避することであり、武器輸出を管理することがその手段となっているのである。村山総理大臣の認識では手段（武器輸出管理）が自己目的化している。なお、村山内閣当時、既に国連平和維持活動（PKO）に自衛隊が派遣されている中で、「自衛隊の海外派兵の禁止」や「武器輸出の禁止」が、具体的にどのような留保条件の上でのものかは不明である。

**「神話」の数々**

村山総理大臣・社会党が自賛する「武器輸出の禁止」と称するものは武器輸出三原則を指すとみられる。すると、そこには、どのような「神話」が隠されているだろうか。村山総理大臣の発言は「神話」の宝庫である。

まず、「武器輸出の禁止」と称しているように武器輸出禁止規範だと考えている点が「神話」の第一である。繰り返し指摘してきたように、武器輸出三原則は武器輸出禁止の規範ではない。しかし、「神話」はこれに止まらない。

次に、「平和憲法に貫かれておる具体的な原則」であると言うが、憲法解釈ではないことは、これまで見てきたとおりである。確かに憲法の精神に則ってはいるものの、他方で基本的人権の制約要因ともなっている武器輸出三原則を、「平和憲法に貫かれておる具体的な原則」と断定してしまっている。三原則は、憲法から直接導かれるものではなく、国際紛争等の助長防止のために、あくまでも政策的に選択されたものである。

最後に、武器輸出三原則が「自衛力の存在を容認するいわば歯どめ」として機能してきたと評価しているが、これも「神話」である。三原則は自衛隊の行動を制約するための原則ではない。

**「神話」を可能にする憲法解釈**

村山総理大臣・社会党の自衛隊合憲論は国会でも多くの非難を浴びた。違憲であるとしてきたものを合憲であるとしたことについて、憲法9条のどの部分の解釈を変更したから合憲になったのかと問われ、村山総理大臣は「9条については憲法学者の中でもいろいろ意見があるのですよ。私は政治家ですから、したがって、政策的に判断をして決めていくというのは当然のことではないですか。したがって、私は憲法学者ではありませんから、学者としての判断ではなくて、政治家として、これだけ情勢が変わってきた中で今の自衛隊というものを合憲として認めるという政策的判断で決めたんです」(傍点筆者)(1994.10.12)と答弁する。この認識は憲法9条の解釈論は、「政策的判断」だと村山総理大臣は認識していることを示している。政治家であれば憲法解釈も「政策的に判断をして決めていくというのは当然のことではないですか」という。「政策的に判断をして」解釈が180度変更されることがあり得るとしている。

また、条文を解釈するのではなく全体を「政策的に判断をして」決めていることを示唆しており、これでは憲法解釈ではない。憲法の規定は、あくまでも条文に則して解釈されるという基本原則を社会党は認めていないことになる。だからこそ反対に、憲法上、条文ではどこにも規定されていない「武器輸出の禁止」であっても、「平和憲法に貫かれておる具体的な原則」と言えるのかもしれない。

**「護憲」とは**

中野寛成議員(民社党)は、「自民党政権下で軍拡に次ぐ軍拡の動きがあった、これを牽制するために、対抗手段として、自衛隊は違憲と称し抵抗運動をしたとおっしゃった。そうすると、社会党は、自衛隊は腹の中では合憲と思っていたということですか。イデオロギー闘争の中で違憲と称する手段を講じたということでありますか」(1994.10.11) と核心をついた指摘をしている。確かに村山総理大臣の整理に従えば、「穏健でバランスのとれた国民意識を形成する」ために、自衛隊違憲論を手段として講じていたのかという疑問が当然に浮かび上がる。また、村山総理大臣自身も「政策的に判断をして決めていく」と述べている。武器輸出三原則も、こうした、「手段」の一つとして社会党は捉えていたのではないか、という疑問が出てくる。そこには憲法解釈という側面ではなく、政策目的のために憲法を「手段」とするのだという側面が浮かび上がる。「穏健でバランスとれた国民意識」に武器輸出禁止が含まれなければならないことに対して、憲法を含め法的根拠が乏しいことはこれまでの検討からも明らかである。仮に社会党の主張するように武器輸出の禁止が必要であるならば、立法によって解決すべきである。また、武器輸出禁止が輸出の自由や学問の自由などの基本的人権といった憲法規範と抵触する可能性があれば、憲法のあり方も議論するのが立法府の責務である。法的根拠なく「国民意識」を形成する「手段」であるとすれば、それは「空気」を作りだす「洗脳」や「プロパガンダ」の過程だったとも言える。それは法的な議論ではない。村山総理大臣の自衛隊合憲論から浮かび上がる問題点は、憲法解釈ではないにもかかわらず、「穏健でバランスとれた国民意識」という「空気」を醸成するためとして「憲法論」と称する手段を合理化してきたのではないかという点にある。武器輸出の禁止が「いいこと」だ、という「空気」が前提となっている国会や学説におけるこれまでの議論を振り返って、これらの論点は再度検討してみる価値があろう。こうした憲法認識が、果たして「護憲」と言えるのであろうかも注目に値する。

なお、社会党を継承した現在の社民党は、自衛隊は「明らかに違憲状態にある」という認識である。上記村山総理大臣の見解をなぜ、どのような経緯や思考で変更したかについての説明はない。こうした変遷も、「政策的に判断をして決めていく」ものであるとすれば「護憲」という主張の意味するものとは何かが問われよう。

## （2） 土井たか子議員の主張

**武器輸出を規制する３つ？ の規範**

武器輸出三原則をより直接的に議論しているものとして、土井たか子議員（社会党）の主張を取り上げてみよう。土井議員は武器輸出を規制する規範として、憲法を頂点として、佐藤栄作総理大臣が表明した三原則、三木内閣政府統一見解、武器輸出に関する国会決議があると主張する（1983.2.23）。見事なまでに土井議員の議論には外為法が完全に欠落している。外為法が欠落しているので外為法が依拠している憲法も欠落している。土井議員の言う「憲法」に基本的人権は含まれていない。

**安倍晋太郎外務大臣との質疑**

こうした土井議員の武器輸出三原則観がよく分かるものとして、安倍晋太郎外務大臣との間の質疑を見てみよう。

土井議員は武器輸出三原則を「武器禁輸三原則」と称した上で、「憲法から考えて、武器に対しては例外なくこの三原則に従って考えなければならない」（1982.12.18）と言う。繰り返し検討したとおり三原則を根拠づける規定は憲法上はない。あくまでも「憲法の精神」が、「国際紛争等を助長することを回避すること」を目指していることから導かれた政策の一つである。土井議員の指摘に対して、安倍晋太郎外務大臣は、「三原則というのは憲法そのものから発生したものではない。いわゆる憲法そのものが武器の輸出を禁止しているわけではないと私は思うわけでありまして、これはその後の国会の議論、あるいはまたわが国の国際的な政策を進める上においてわれわれがとってまいった基本的な一つの政策であって、武器あるいは武器技術そのものを輸出するということが憲法そのものに触れるとかそういうことではない、私はこういうふうに解釈しております」(1982. 12. 18) と政府の見解を述べた。土井議員は続けて、以下のように述べた。

何だか憲法について自分なりの見解を申し述べなければどうにもならないような御気分でその御答弁の席にお立ちになっているがごとき感が私にはあるのですが、そんなことではないのではないですか。憲法論争をやろうというのなら何ぼでもやりますよ。けれども、いまの武器輸出の問題についても、憲法の前文の個所、私はこれを序文と呼んでおりますが、これはいずれでもいいわけです。第1章第1条が始まる以前の個所です。これも憲法の一部なのです。その場所から考えても、第9条から考えても、武器を外国に輸出するなんていうことは憲法自身は認めていないのですよ。これははっきり衆人の認めるところであって、安倍外務大臣の異なる解説をただいま私は聞きましたけれども、そんなことをおっしゃったってそれは通用しない。(中略) 政府の統一見解を、国会決議で武器については輸出してはならない、こういうふうに輸出してはならないということを唐突に取り決めたわけではないのです。それ以前に憲法があるから、そういう問題についての認識をお互いが持ち、お互いが具体的に決めるという行動をとり、具体化させた、こういう関係にあるということをはっきり御認識なさることは非常に大切だし、これはだれもが疑わないことだと私は思いますよ。これはもう決まっているのです (傍点筆者) (1982. 12. 18)

土井議員は、安倍外務大臣の答弁を「憲法について自分なりの見解」と評する。しかし、土井議員の見解こそが「自分なりの見解」であることはこれまでの検討からも明らかである。武器輸出の憲法上の位置付けは既に検討したので、その点については省略する。ただ、一連の土井議員の指摘で、一度も「外為法」という言葉が出てきていないことを最後に強調しておきたい。政府の見解が土井議員の見解とは異なる以上、「だれもが疑わないこと」でない。ところが「これはもう決まっているのです」と、議論そのものを認めず封殺してしまう。

「神話」は、このようにして「語り部」たちからは「決まっている」ものとされ、議論の対象とすることすら拒否されるのである。まさに、「神話」の「神話性」を物語るものである。

## ◇第2章◇「神話」を育む土壌

「神話」と実像には大きなギャップがあるが、こうしたギャップがこれまで指摘されてこなかったのは、どうしてであろうか。なぜ、日本社会は「神話」を受け入れてきたのだろうか。ここでは、武器輸出三原則の「神話」を育んできた背景について、いくつかの仮説を考えてみたい。

### (1) 安全保障やリスクに関する議論を忌避する風潮

**武器輸出を嫌う与党・政府**

武器輸出を忌避する傾向は、55年体制の野党側だけでなく、与党や政府側からも見ることができる。政府側も「武器輸出をしたくない」という意図を、「武器輸出ができない」と置き換えていた可能性がある。武器輸出三原則にある「慎む」が武器輸出の全面禁止を意味しないことは、繰り返し指摘してきた。しかし、三木内閣の政府統一見解の直後、武器輸出は「できない」という答弁が一時期急増している。三木内閣の政府統一見解以前でも、「武器輸出をしたくない」、または「武器輸出をすべきではない」という見解が、時の通商産業大臣から表明されている。つまり、武器輸出三原則が形成されていく過程において「武器輸出をしない」という方針は立法府と行政府、与野党の間で立場に違いはなかったのである。

こうした傾向は日本社会の状況を反映していたのかもしれない。武器輸出に限らず、およそ日本の防衛や安全保障に関する議論を忌避する傾向は、武器輸出三原則が形成される1960年代後半から、武器輸出三原則の例外化が議論される1980年代初めまで一貫している。

## トピック：自民党保守本流の武器輸出忌避

55年体制の一方当事者である社会党が、いかに「語り部」として「神話」の拡大に寄与してきたかは、先述のとおりである（→第3編第1章参照）。しかし、自民党の保守本流と言われる政治家たちも、武器輸出を忌避していた。田中角栄通商産業大臣・総理大臣時代の発言は既に確認してきたので、ここでは宮沢喜一議員の発言を通じて確認してみたい。

通商産業大臣として輸出管理を所掌していた宮沢議員は、武器輸出の一般原則について次のように言う。

・輸出の許可は一々ケース・バイ・ケースでやっておりまして、その運営の方針はかなり消極的なものでございます（1970.3.17）

もちろん、三木内閣政府統一見解前の答弁であるが、既に「消極的」というのが政府の方針であったことが分かる。しかも続けて「少なくとも武器を大いに輸出して国を富ましたいというような政治の姿勢というものは、私どもとりたくない。また過去の実績に見ましても、そういう運営の精神は貫かれおるように考えております」と指摘する。これには質問者側である華山親義議員（社会党）も、「ぜひひとつそういうふうに消極——もう出さないということを断言することも、私もむずかしいことかと思いますけれども、ぜひひとつ極力消極的な態度であっていただきたいと思います」、と政府にエールを送っている。この質疑を見る限りは与野党、政府と国会の波長は奇妙に一致しているのである。つまり、法制度上は可能であるにもかかわらず武器を輸出するつもりはない、という点で質問する側も答弁する側もそれほどの差はない。

武器輸出一般に対して否定的な態度を取る宮澤喜一通商産業大臣は、その理由として「兵器を輸出してかせぐというようなことはあんまり私どもは気が向きませんので、ほかに輸出するものが幾らでもございますから、あまり輸出というようなことを考えて兵器産業を助成するというようなことはいたしたくございません」（傍点筆者）（1970.4.24）と述べる。「ほかに輸出するものが幾らでもございます」ので、武器輸出に「気が向きません」と言う。さらに、「国の内外からつまらぬ疑いを受けるようなことは、これはつまらぬことでございますから、そういうこともよく考えていったほうがいいなという気持ちを持っておるわけでございます」（1971.2.23）、とも述べている。

後に、外務大臣としても先述のとおり「たとえ何がしかの外貨の黒字がかせげるといたしましても、わが国は兵器の輸出をして金をかせぐほど落ちぶれてはいない」、と発言している（1976.5.14）。武器輸出忌避思想は与野党を問わず幅広く浸透していた。

### 武器輸出だけを禁止するのはなぜか

安全保障を忌避する傾向は、武器輸出に対する否定的な見解に対する一つの有力な根拠になると思われる。しかし、なぜ自分（自国）だけでなく、他者（他国）の行動を制約する武器輸出の禁止を追求するのだろうか。仮説としては次の二つが考えられる。

一つは、徹底した反軍思想である。武器などがあってはろくなことにならない、戦争の悲惨さを思い起こせ。もちろん、自らも武器を持つべきではないが他者も持つべきではない。だから他者に武器を渡すことも許されないという思想である。武器が必要な場面を徹底的に否定し、武器を存在悪として捉える見方である。

しかし、不思議なことは自国は武装しながら武器輸出を否定するという傾向である。武器輸出三原則を武器輸出の禁止と解しながら、一方で自国における武器生産は認めるという現実は矛盾しているように見える。確かに、非武装を求めながら武器輸出の禁止を求めるという論者もいよう。しかし、現実に日本が非武装でないことを前提にして、武器輸出の禁止だけを先行して実施することは、どのような背景を想定すればいいのだろうか。少なくとも、武器輸出に先行して武器生産の禁止を主張するのであれば論理は一貫すると思われるが、そうした論者は少なく、ただ武器輸出禁止の意義と日本の先進性を強調することになる。こうした論理構成を可能にする一つの方法は、日本の特殊性の強調であると思われる。平和主義を日本の先進性であると強調する。しかしながら、先進性の強調は裏返しに他国に対する蔑視が避けがたく含まれている。武器輸入国の事情を全く加味しない武器輸出禁止論には、日本は特殊だから単独でも「いいこと」を実行しているという「選民思想」や「自国中心主義」が色濃く反映している可能性がある。自らの特殊性を認識することで極めて一国主義的な政策を正当化することが可能になる。敗戦によって「軍国主義」や「天皇中心主義」が破綻した後の日本人に、「平和主義」という代替物がプライドを与えるものであったのかもしれない。「神話」がこうした心象の形成に一役買っているのであろうか。ひたすら経済復興に邁進し、「エコノミックアニマル」などと揶揄された日本人に自尊心を与えてくれるものだったのかもしれない。一国主義的なマインドは、自らは世界の安全保障に関与しないという徹底的な無関心や消極性と裏腹の関係にあったのではないだろうか。

しかし、こうした姿は戦後一貫したものではなかった。そもそも経済復興のきっかけこそが朝鮮特需であり、武器生産の存在抜きには考えられなかった。つまりこうしたメンタリティは、自分自身にある程度経済的に余裕ができてきてから生まれてきたものなのである。

いずれにせよ、ただ単に安全保障や軍事を忌避する風潮だけでは、武器生産でも保有でもなく、武器輸出を最も厳しく規制する「神話」がこれほどまでに広がることはなかったのではないだろうか。

### (2) 法を軽視する風潮

**立法の無視**

いくら安全保障や軍事を忌避し、また自らの「平和思想」に自信やプライドがあったとしても、立法を無視してよい、と自動的に判断することにはならない。外為法という立法があり、その中での武器輸出三原則という当然の位置付けが、ここまで無視し続けてこられたという点は、安全保障とは別の切り口が必要であろう。すなわち、法を軽視する風潮である。

少なくとも、これまでの国会における武器輸出三原則または武器輸出管理の議論を見る限り、驚くほど外為法に触れられる機会が少ない。ほぼ皆無と言って差し支えない。まるで外為法がないかのような議論の展開である。そのため、外為法による制約(輸出自由の原則との関係)、さらに、外為法の根拠となっている憲法の基本的人権(輸出の自由や学問の自由)について議論が波及することはなかった。皮肉なことであるが、基本的人権ではなく憲法9条から三原則を論じてきたこと自体が、憲法や外為法を蔑ろにしてきた証左でもある。これほどまでに立法を軽視する—他ならぬ立法府自身が軽視する—状況がどうして生じたのかについては分からない。しかし、少なくとも日本人または日本社会が法を軽視するという風潮がない限り、ここまで外為法を無視した議論がまかり通ることはなかったのではないだろうか、というのが一つの仮説である。

**行政万能思想**

こうしたゆがんだ議論を可能にする装置は、行政府に対するある種の「信頼」と思われる。武器禁輸を求める論者は、法的根拠の有無とは関わらずに政府に「指導」を求めてきた過去がある。「いいこと」は超法規的にでも「やるべき」、というナイーブな思考が背景にはあったと思われる。武器輸出三原則が形成されていく過程では武器輸出の「自粛」を求め、場合によっては行政指導によって担保することが野党から積極的に求められ、政府もそれに呼応する時代があった。現代の我々が考える行政指導のイメージとは違い、「立法では規制しきれないところを柔軟に管理する」という積極的な位置付けが与えられていた。もちろん、法に基づく行政との関係で重大な疑念があることは言うまでもない。しかし、法的根拠を持たない三原則をめぐる数々の「神話」の担保するために、行政指導の活用が想定され、その発動を野党側が積極的に求めていたことは事実である。

「武器輸出三原則『神話』」の存在を可能にする一つの装置はこうした「超法規的」な行政指導であり、「神話」を信奉する者は「いいこと」であれば、こうした「超法規的」な行政指導も積極的に求めていた。「神話」の信奉者にとって、立法はあってもなくても「いいこと」は規制できると考え、その実行を行政機関に託していた。立法の有無にかかわらず行政機関が「いいこと」を執行すればよい、という行政万能思想が底流にない限り、「三原則『神話』」は成り立たなかったのではないだろうか。

少なくとも事実関係としては、数多くの「武器輸出三原則『神話』」が存在し、広く信じられてきたということである。ここで紹介したものは、あくまでも仮説であり今後検証が必要であると思われるが、こうした「神話」を育んできた「土壌」について検証することは、戦後の日本社会の特質をあぶり出すことにもなろう。

# ◇第3章◇ 武器輸出三原則論の今後

### 微妙なバランス――基本的人権と安全保障

本来、武器輸出管理で念頭に置くべきは輸出の自由をはじめとする基本的人権と、安全保障上の要請とのバランスをいかに確保するか、という点である。特に、基本的人権の制約を最小限に止めながら、安全保障を確保するという方向で検討される必要がある。しかしながら、これまでの武器輸出三原則をめぐる議論で、こうした側面が立法府や学界において検討された形跡はほぼ皆無である。わずかに政府側が指摘するに止まる。

こうしたバランスを無視した議論は、武器輸出三原則の議論としては受け入れがたい。基本的人権を制約する三原則は、安全保障上の意義でバランスを図ることが可能でない限りは存在し得ない。

### 武器輸出三原則の「擁護」と「見直し」

武器輸出三原則の「擁護」とは、現在の三原則を正当なものとして、今後とも維持していくことを指すことは言うまでもない。いかなる方向性であれ、現在の三原則の変更を主張するものは武器輸出三原則の「見直し」である。当たり前のことであるが、改めてこれまでの三原則をめぐる議論を振り返ってみると、「見直し」に当たることを「擁護」と主張し、「見直し」が必要ないことを「見直し」と主張してきたのではないだろうか。もちろん、こうした議論が蔓延してきた背景には、「神話」が広く信じられ、「神話」を前提にした議論が行われてきたことが挙げられる。例えば、三原則を武器輸出禁止の規範だとする「神話」に基づけば、武器輸出を禁止し続けることこそが三原則の「擁護」になってしまう。また、三原則の「見直し」がなければ他国との共同開発はできないというのも、三原則が他国との共同開発を禁止しているという「神話」に基づいたものである。つまり、「神話」という名のフィルターによって三原則は歪められ、その結果、三原則をめぐる議論も歪められてきた。「神話」から脱却することは、武器輸出三原則の議論を健全化するための第一歩なのである。

### 武器輸出と日本の安全保障

これまでの武器輸出三原則、または武器輸出管理をめぐる議論の中で、武器輸出がもたらす日本の安全保障に対する影響については、ほとんど議論されていない。武器輸出をすることが日本の安全保障に有益なこともあれば、武器輸出をしないことが日本の安全保障に有益な場合もある。「武器輸出だから」全て有害だとか、「同盟国への武器輸出だから」全て有益だ、と一概に言い切れるものではない。武器が全て存在悪でない以上、必要な武器というものが存在することを認める立場（少なくとも武器輸出三原則を政策とする日本政府はこの立場である）からは、「武器輸出だから」全てが有害だとは言えない。他方で、「同盟国だから」といっても他国は他国であり、日本の安全保障への影響は日本の立場から考える必要があることは、言うまでもない。いずれの立場も思考停止に陥ったものである。これまでの武器輸出三原則の議論を見る限りは、こうした両極端の議論がすれ違ってきたきらいがある。

武器輸出三原則や武器輸出管理と安全保障の関係で議論すべき論点の中心は、個々の武器輸出がもたらす日本の安全保障への影響である。地道ではあるが、個別の輸出ごとに議論を積み上げていくしかない。

# ◇第 4 章◇ 武器輸出三原則論からは見えないもの

**武器輸出三原則の射程外の論点**

これまでの議論のもう一つの弊害は、武器輸出三原則にのみ焦点を絞って議論してきたことにある。そのため、三原則の射程外の議論が全く議論の対象とならなかった。本来は輸出管理の一部に武器輸出管理があり、武器輸出管理における政策の一つが武器輸出三原則であった。

武器輸出三原則の射程から外れる議論の典型は、汎用品の輸出管理に関する議論である。本来は、汎用品も含めた輸出管理政策全体の中での武器輸出管理の位置付けや役割を検討しなければならないのであるが、まるで別々の政策であるかのごとく議論されてきた。

第三国移転をめぐる議論も同様である。外為法の適用対象外である第三国移転は、もちろん武器輸出三原則の射程外である。三原則にのみ議論の焦点を合わせている限り、第三国移転をめぐる議論が成熟することはない。

最後に、輸出管理政策の議論をするためには、外為法の議論が欠かせない。まずは法制度から議論し、法によって与えられた裁量の中で政策が議論されることにならなければならない。これまでの外為法を無視してきた議論は、事実上行政の裁量が無限である（つまり、武器輸出を完全に禁止することから、完全に自由にすることまでが行政の裁量である）ことを前提としているかのような議論となっていた。行政万能思想に基づけば、「いいこと」を実施しないのは全ては行政の怠慢になってしまう。しかし、それでは法治国家とは言えないし、民主主義国家とは言えない。

**安全保障政策の中の武器輸出管理**

武器輸出管理を含めて、輸出管理政策自体も、これまで安全保障政策全体の中での位置付けは議論されてこなかった。輸出管理政策は、技術流出防止政策や秘密保護政策といった分野と隣接する。しかし、こうした政策が、安全保障政策の一部として正面から議論されることはなかった。ただ、武器輸出三原則のみを議論し、それで事足れりとしてきた姿は、日本が安全保障を正面から議論することを忌避してきたことの一つの象徴なのかもしれない。

日本社会も、武器や武器輸出というだけで冷静な議論ができなくなってしまうような状態からは脱却し、冷静な議論を育めるように成熟してきたと信じている。今後の武器輸出三原則をめぐる議論の展開——「神話」からの脱却——は、その試金石になると考えている。

# 事項索引

索　引

〈著者紹介〉
森 本 正 崇（もりもと・まさみつ）

1973年生まれ
1996年3月 東京大学法学部卒
2000年5月 タフツ大学フレッチャースクール卒（修士）
1996年4月 防衛庁入庁、防衛局防衛政策課、装備局管理課、防衛局調査課情報室、経済産業省貿易経済協力局安全保障貿易管理課等を経て、退職。慶應義塾大学グローバルセキュリティ研究所客員研究員を務めた後、
現　在 慶應義塾大学SFC研究所上席所員（訪問）（2011年5月より）

〈主　著〉

『輸出管理論――国際安全保障に対応するリスク管理・コンプライアンス』（共著）（2008年、信山社）
『武器輸出三原則』（2011年、信山社）

〈現代選書 8〉

武器輸出三原則入門
――「神話」と実像――

2012(平成24)年1月25日　第1版第1刷発行

著　者　森　本　正　崇
発行者　今　井　　貴
発行所　㈱　信　山　社
〒113-0033 東京都文京区本郷6-2-9-102
電話　03（3818）1019
FAX　03（3818）0344
info@shinzansha.co.jp
出版契約 No.3288-0101　printed in Japan

 印刷・製本／亜細亜印刷・渋谷文泉閣
ISBN978-4-7972-3288-2　C3332
3288-012-015-010-005：P1800E：P176
NDC 分類 329.200-d001. 外為法

## 「現代選書」刊行にあたって

物量に溢れる、豊かな時代を謳歌する私たちは、変革の時代にあって、自らの姿を客観的に捉えているだろうか。歴史上、私たちはどのような時代に生まれ、「現代」をいかに生きているのか、なぜ私たちは生きるのか。

「尽く書を信ずれば書なきに如かず」という言葉があります。有史以来の偉大な発明の一つであろうインターネットを主軸に、急激に進むグローバル化の渦中で、溢れる情報の中に単なる形骸以上の価値を見出すため、皮肉なことに、私たちにはこれまでになく高い個々人の思考力・判断力が必要とされているのではないでしょうか。と同時に、他者や集団それぞれに、多様な価値を認め、共に歩んでいく姿勢が求められているのではないでしょうか。

自然科学、人文科学、社会科学など、それぞれが多様な、それぞれの言説を持つ世界で、その総体をとらえようとすれば、情報の発する側、受け取る側に個人的、集団的な要素が媒介せざるを得ないのは自然なことでしょう。ただ、大切なことは、新しい問題に拙速に結論を出すのではなく、広い視野、高い視点と深い思考力や判断力を持って考えることではないでしょうか。

本「現代選書」は、日本のみならず、世界のよりよい将来を探り寄せ、次世代の繁栄を支えていくための礎石となりたいと思います。複雑で混沌とした時代に、確かな学問的設計図を描く一助として、分野や世代の固陋にとらわれない、共通の知識の土壌を提供することを目的としています。読者の皆様が、共通の土壌の上で、深い考察をなし、高い教養を育み、確固たる価値を見い出されることを真に願っています。

伝統と革新の両極が一つに止揚される瞬間、そして、それを追い求める営為。それこそが、「現代」に生きる人間性に由来する価値であり、本選書の意義でもあると考えています。

2008年12月5日　　　　信山社編集部